KB167970

나에게

항상 새롭고 무한한 놀라움과 존경심을 일으키는 두 가지가 있다.

그것은 하늘에 반짝이는 별과 내 마음속의 도덕률이다.

- 임마누엘 칸트의 묘비명 -

외계인을 찾는 지구인을 위한 안내서

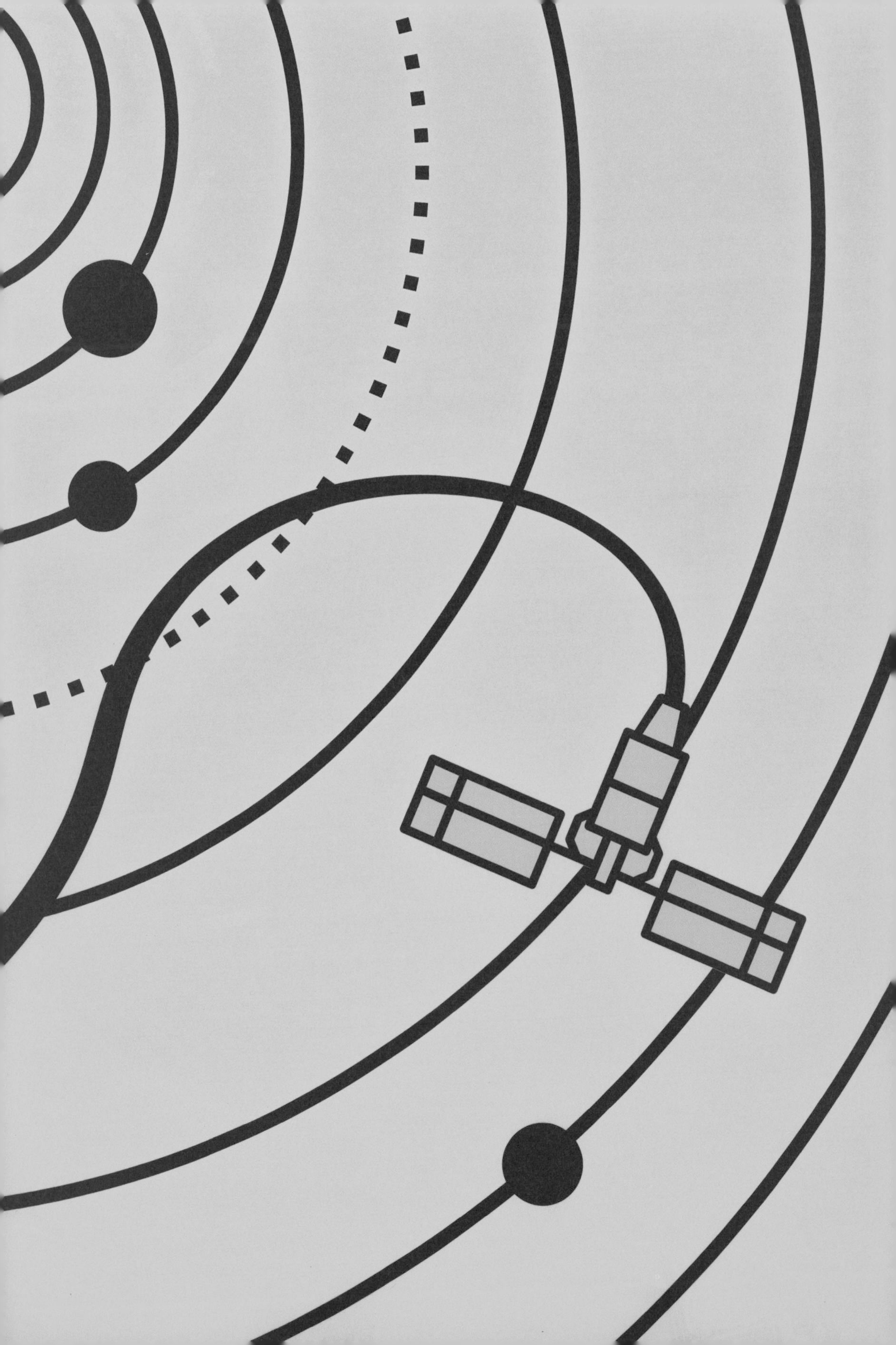

오승현 글
한양재(서울과학교사모임 회장) 추천
외계인을
찾는
지구인을
위한
안내서
탐

별 볼 일 없는 세상에서 외계인을 찾는다는 건……

지금은 마당에 멍석을 깔고 누워 쏟아질 듯 반짝이는 별빛을 보며 꿈을 꾸는 시기는 아니다. 별빛보다 화려한 네온사인 불빛으로 '별 볼 일'도 많지 않을 뿐만 아니라 끊임없이 반짝이며 각종 볼거리, 놀거리로 유혹하는 스마트 폰, TV, 컴퓨터 화면에 시선을 빼앗기기 때문이다.

그러나 맨눈으로 밤하늘을 올려다보며 대부분의 천체를 구분 없이 '별'이라 부르며 자세히 관찰하고 이름 붙이고, 이야기를 만들어 내던 시절이나 우주망원경, 우주탐사선으로부터 날아온 각종 사진 등을 통해 우주에 대해 더 많은 것을 알게 된 지금이나 지구 이외의 어느 곳엔가 우리가 알지 못하는 생명체가 살고 있을 것이란 기대만큼은 다르지 않은 것 같다. 그 내용이 다소 단순한 신화에서 〈E.T.〉, 〈혹성탈출〉, 〈콘택트〉, 〈에이리언〉 등과 같은 영화에서 보이는 것처럼 좀 더 다양하게 묘사될 뿐.

≪외계인을 찾는 지구인을 위한 안내서≫는 지구 밖 어느 곳엔가 살고 있을지도 모르는 생명체에 대한 관심을 처음부터 과학적으로 차근차근 풀어 나가는 책이다. 외계인에 대한 정의에서 드레이크 방정식을 이용한 통신 가능한 고등 문명의 수 계산, 외계인을 이해하기 위한 태양계 안내, 우주 팽창과 우주 달력, 외계인과의 만남이나 통신을 위한 지구의 우주 개발 역사, 생명체의 탄생과 다양한 환경에서의 생명체 탄생 가능성까지.

이 책은 외계인에 대한 관심에서 시작한다. 그러나 이 책을 다 읽고 나면 외계인이나 우주에 대한 관심과 호기심은 지구에 살고 있는 바로 우리 자신, 지구와 지구에 살고 있는 생명체에 대한 관심으로 돌아오게 된다. 그것이 이 책이 가지고 있는 매력이다.

'별 볼 일' 없는 세상에서 밤하늘을 올려다보며 꿈을 키울 기회가 적은 학생들이 이 책을 통해 우리 자신이 살고 있는 지구와 지구 안의 생명체에 대한 책임감을 가지고 우주에 대해 관심을 넓혀 갈 수 있기를 기대한다. '광활한 우주에 인간밖에 없다면 엄청난 공간의 낭비일 것'이라는 영화 〈콘택트〉의 대사나 '우주(universe)'의 'uni-'는 '하나'를 의미한다는 말이 많은 것을 말해 주고 있다.

서울과학교사모임 회장

한양재

왜 외계인일까?

세상에는 믿을 수 없는 이야기들이 있습니다. 네스호의 괴물, 히말라야의 설인, 외계인 납치나 UFO……. 어린 시절에는 이런 이야기에 눈을 반짝이다가도 어른이 되면 이내 심드렁해지지요. 그저 황당한 이야기로 여깁니다. 그런데 외계인은 다소 예외인 듯합니다. 어른이 돼서도 외계인에 관한 허황된 이야기들을 믿는 사람이 꽤 있으니까요. 외계인에 납치되었다는 얘기까지는 아니더라도 UFO의 존재에 대해서는 강하게 부정하지 않습니다. 자기가 직접 목격한 것은 아니지만, 어쨌든 UFO를 보았다는 수많은 사람이 있어서 그렇겠지요.

저는 이런 이야기들을 전혀 믿지 않는답니다. 그런데도 외계인에 관한 책을 썼습니다. 그 이유는 두 가지랍니다. 첫 번째 이유는 외계인 납치나 UFO의 방문 등의 이야기는 분명 허황되지만, 외계인의 존재 가능성은 과학적으로 따져 볼 만하기 때문입니다. 더불어 외계인이 이 거대한 우주에 존재할 가능성이 있을지라도, 왜 UFO를 타고 오기 어려운지 합리적으로 따지다 보면 우주에 대한 과학적 이해를 넓힐 수 있으리라 생각하지요. 두 번째 이유는 외계인을 통해 우리 자신을 돌아볼 수 있기 때문입니다. 자세한 설명은 옛이야기를 하나 살펴보고 마저 하겠습니다.

우리 옛이야기 가운데 '우투리 설화'라는 것이 있답니다. 때는 세상이 어지럽고 백성들이 먹을 것이 없어 굶어 죽어 가던 시절이었지요. 지리산에서 아기장수가 나타나 가난한 사람들을 구해 줄 거라는 소문이 백성들 사이에서 돌기 시작합니다. 마침 지리산에서 신묘한 능력을 지닌 아기가 태어납니다. 그 아기가 바로 아기장수 우투리랍니다. 그러나 부모의 잘못으로 우투리는 뜻을 펴지 못한 채 죽고 말지요. 소문을 두려워한 임금이 군사들을 시켜 우투리를 죽였답니다. 그런데 이 이야기에서 우투리를 죽인 임금이 태조 이성계로 나오지요. 이는 이성계의 역성혁명(易姓革命)에 대한 민중적 반감을 반영하고 있습니다. 우투리 설화는 사실이 아니지만, 역성혁명에 대한 당시 민중의 반감은 진실에 가깝지요. 이런 점에서 허황된 이야기에는 허황되지 않은 무언가가 담겨 있을 때가 많답니다. '거짓에 담긴 진실'이랄까요.

외계인에 관한 이야기도 마찬가지라고 생각합니다. 황당한 이야기 속에는 우리 자신을 비춰 볼 부분들이 점점이 박혀 있지요. 가령 외계인 침공을 가지고 얘기해 볼까요? 사람들이 외계인을 상상할 때 가장 흔히 떠올리는 모습은 외계인이 지구를 침공하는 장면입니다. 그러나 실제 외계인이 어떤 존재인지는 아무도 모릅니다. 그렇다면 아무도 모르는 외계인의 모습을 부정적으로 상상하는 이유가 뭘까요? 바로 인류의 모습이 외계인의 모습에 투영됐기 때문이랍니다. 강자가 약자를 침략하고 죽이고 지배하는 모습은 지금까지 인류가 살아온 방식이지요. 이처럼 우리는 외계인이라는 거울을 통해 우리 자신을 돌아볼 수 있답니다.

이 책에서 세세히 다루지는 못했지만, 외계인의 관점, 다른 말로 우주적 관점에서 지구와 인류를 객관적으로 바라볼 수도 있습니다. 현대인은 현재의 풍요를 위해 지구를 다 써 버릴 듯 무서운 기세로 자연을 파괴하고 상품을 소비합니다. 사실 지구는 현세대의 것만이 아닌데도 말이지요. 지구는 전세대와 후세대 모두의 것이랍니다. 아니 가장 정확하게 말하자면, 지구는 인류의 것이라 할 수 없겠지요. 우리가 지구를 소유한 게 아니라 지구에 속해 있는 거니까요. 그런 관점에서 우리는 현재의 안락과 풍요만을 추구하는 태도를 반성할 수 있습니다. 지구는 절대자인 인류가 마음대로 쓰고 버리는 한낱 자원 덩어리가 아니라, 인류를 포함한 온 생명이 태어나고 살아 숨 쉬며 다시 영원한 잠에 드는 생명의 터전입니다. 지구가 없다면 인류는 한순간도 우주에 존재할 수 없겠지요.

한 번도 만난 적 없고 엄청나게 멀리 있을 외계인이지만, 외계인과 지구 문명은 이렇게 연결된답니다. 우주를 거울 삼아 지구를, 외계인을 거울 삼아 지구인을 돌아볼 수 있습니다. 그런 의미에서 이 책은 외계인에 관한 보고서이자 지구 연대기이며 바로 우리 자신에 관한 자서전이기도 하지요. 이것이 외계인에 관한 황당한 이야기를 제가 전혀 믿지 않으면서도 외계인에 관한 책을 쓴 이유랍니다.

우주의 나이는 138억 살이 넘습니다. 억겁의 시간에 비하면 인간의 일생은 찰나에 불과합니다. 하루살이 같은 인생이지만, 사람과 사람이 만나 인연을 맺고 관계를 이루며 살아갑니다. 찰나의 삶이 반짝이는 이유겠지요. 저와 함께 밤하늘의 별을 헤아리며 찰나를 빛내 준 아내에게 사랑과 감사의 마음을 전합니다. 새벽녘 당신과 함께 보았던 그 별빛이 아직도 환합니다.

= 차례 =

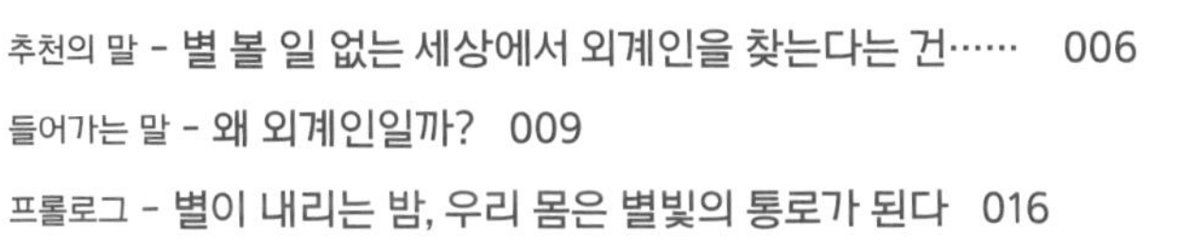

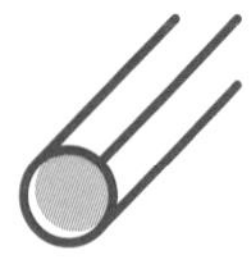

>> 프롤로그 <<

별이 내리는 밤, 우리 몸은 별빛의 통로가 된다

세상은 빛의 제국이 됐습니다.

그런데 빛의 제국은 어둡습니다.

밤에도 환하게 밝은 도시에서 별들이 제 모습을 감추었기 때문입니다.

별빛은 전깃불에 가려 보이지 않습니다.

어느 시인의 말처럼 "밤을 끄고 휘황하게 낮을 켜 놓은"[1] 탓입니다.

우리는 편리한 빛을 얻은 대신 아름다운 빛을 잃었지요.

"2003년 8월 15일 무더운 밤, 뉴욕 시에서는 은하수가 보였다."

미국 북동부에서 대규모 정전이 발생하자 뉴욕의 밤하늘에 은하수가 펼쳐졌습니다. 그때 뉴욕 시민들은 그동안 대낮같이 환한 밤 때문에 몰랐던 사실, 즉 자신들이 '별들의 지붕' 아래 살고 있다는 사실을 깨달았지요.

리베카 솔닛의 책 ≪이 폐허를 응시하라≫에 나오는 이야기입니다.

---

1 이문재, 〈광화문, 겨울, 불꽃, 나무〉

별들을 만나려면 도시에서 벗어나야 합니다.

도시를 벗어나 시골에서 보는 밤하늘은 눈부십니다.

평상에 누워 밤하늘을 쳐다보면 몇 시간이 금방 지나갑니다.

내 머리 위로는 밤하늘이 반짝이고, 별빛만이 고요히 수런거립니다.

그런데 어느 순간 신기한 경험을 하게 될지도 모릅니다.

과거와 현재가 뒤섞이고, 하늘과 땅이 뒤집히는 그런 경험을.

수백, 수천 년을 건너온 과거의 별빛이 지금 여기의 내 눈에 점점이 박힙니다.

안구를 통해 들어온 별빛은 마침내 나를 통과해 사방으로 뻗어 나갑니다.

그렇게 내 몸은 별빛의 통로가 되고, 나는 별빛의 바다에서 유영하듯 미끄러집니다.

마치 밤하늘이 내 몸 아래에 있고, 밤하늘을 마주 보는 나는 공중에 떠 있는 듯합니다.

거대한 우주의 바다가 저 아래에서 일렁입니다.

아주 작은 점 하나가 그 바다로 스며듭니다.

그 바다로 스러집니다.

인간이라는 이름의 점 하나가.

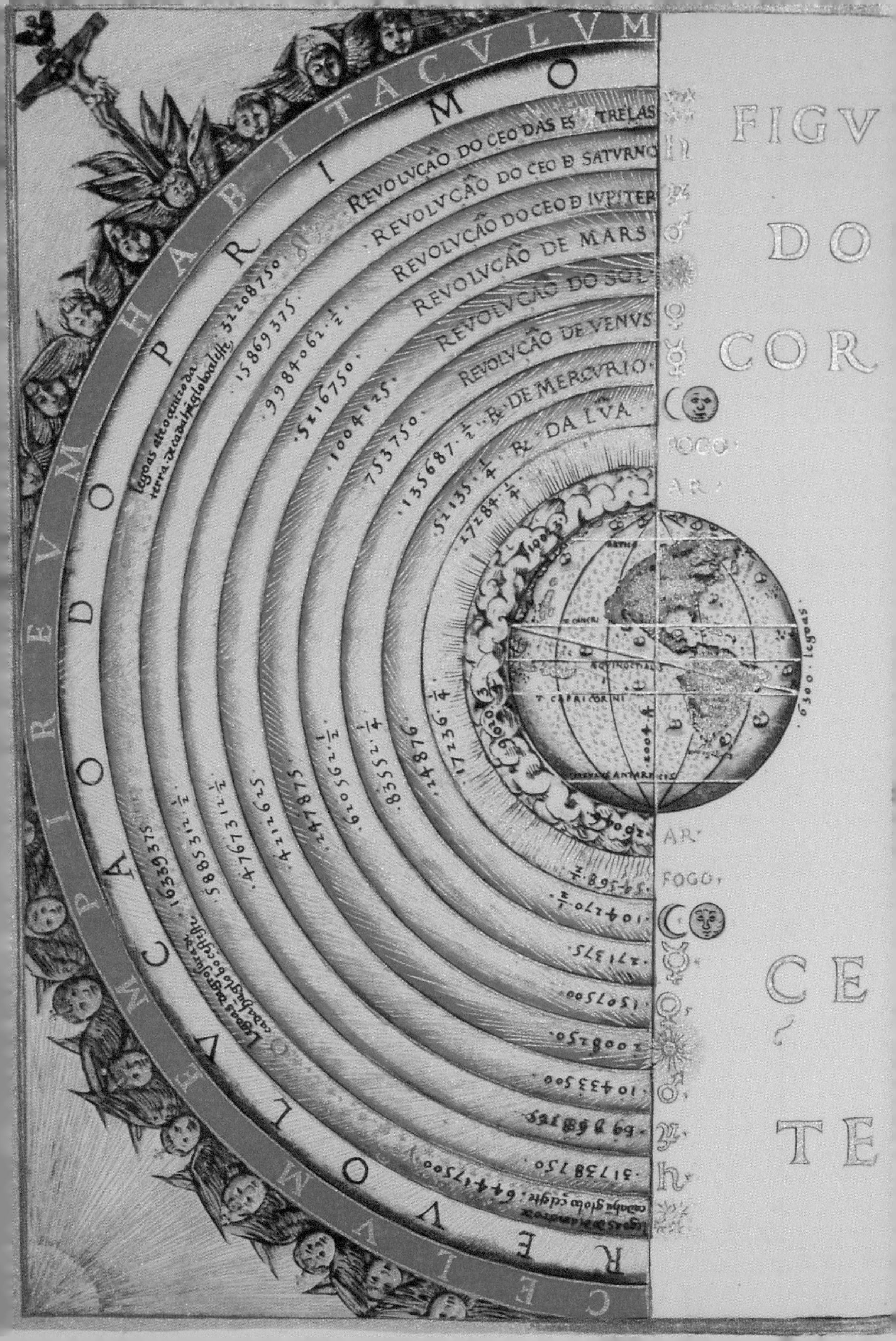
REVOLVÇÃO DO CEO DAS ESTRELAS
REVOLVÇÃO DO CEO D SATVRNO
REVOLVÇÃO DO CEO D IVPITER
REVOLVÇÃO DE MARS
REVOLVÇÃO DO SOL
REVOLVÇÃO DE VENVS
REVOLVÇÃO DE MERCVRIO
R. DE MERCVRIO
R. DA LVA
FOGO
AR
AR
FOGO
6300. legoas
FIGV
DO
COR
CE
TE

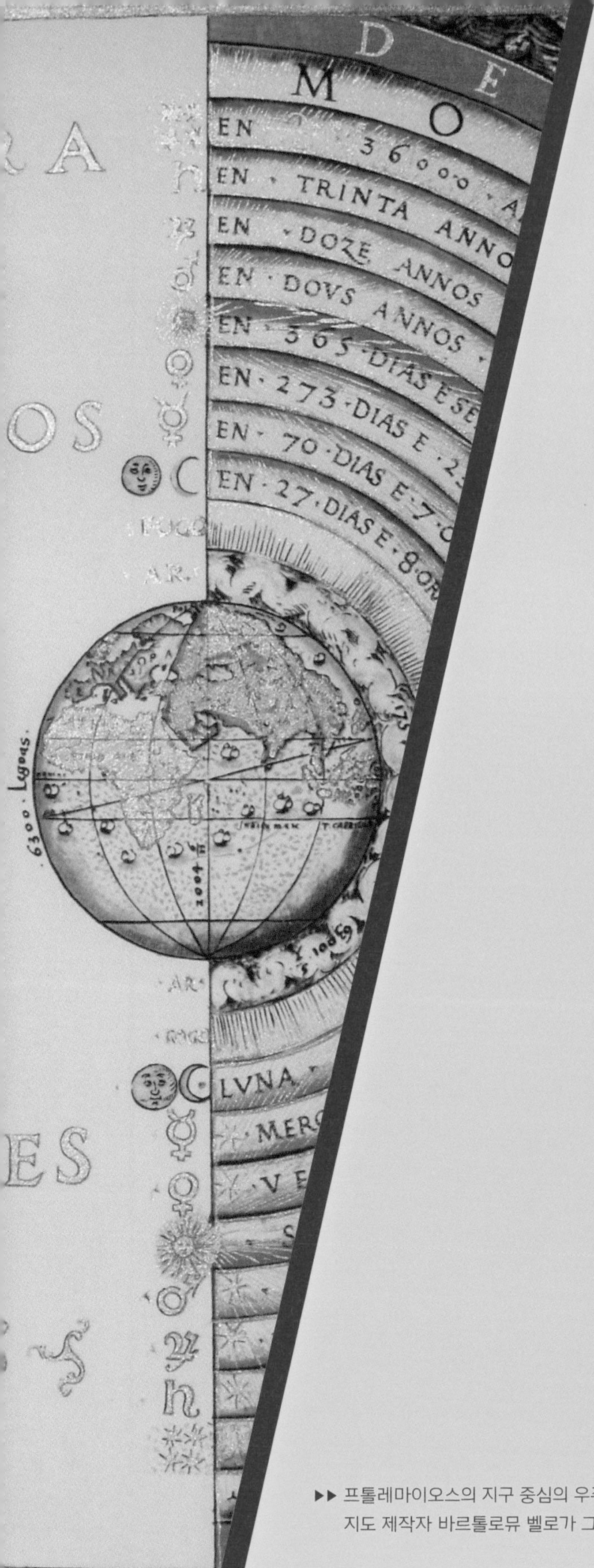

1.

외계인이 뭐지?

▶▶ 프톨레마이오스의 지구 중심의 우주 개념도. 포르투갈 우주구조학자이자 지도 제작자 바르톨로뮤 벨로가 그렸다.

지구 밖에도 생명체가 있을까?

1600년 로마의 저잣거리. 한 남자가 발가벗겨진 채 기둥에 거꾸로 매달려 있습니다. 커다란 불길이 붉은 혀를 날름거리며 그의 몸을 휘감습니다. 그런데도 남자의 얼굴은 고통스럽기보다는 평온해 보입니다. 남자의 이름은 조르다노 브루노Giordano Bruno, 1548~1600.

브루노는 도미니카의 수도승이었습니다. 그날 그는 화형을 당했지요. 브루노는 무슨 죄를 지었기에 그런 수모와 고통을 당해야 했을까요?

"우주에도 생명체가 있을까?"

브루노의 죄는 이 작은 질문에서 비롯했습니다. 그는 니콜라우스 코페르니쿠스Nicolaus Copernicus, 1473~1543처럼 지구가 태양 주변을 돈다고 믿었습니다. 거기에 한술 더 떠서 우주가 무한하다고 생각했지요. 신이 무한하다면, 신이 창조한 우주도 무한하다고 믿었던 겁니다. 태양은 무수히 많은 별 중 하나일 뿐이고, 다른 별에도 인간을 닮은 생명체가 수없이 존재한다고 생각했지요. 지구에 예수님이 있는 것처럼 다른 별에도 예수님이 있을 것으로 생각했어요.

'땅은 움직이지 않는다'는 천동설은 중세 교회의 진리였습니다. 그런데 브루노는 천동설을 부정했고, 지구 바깥에 수십억 명의 성직자와 교황, 심지어 또 다른 예수까지 존재한다고 주장했던 겁니다. 당시 성직자들은 브루노의 주장을 결코 받아들일 수 없었습니다. 그들에게 있어 브루노의 주장은 신성 모독이었지요.

브루노가 화형을 당한 이유랍니다.

브루노는 8년 동안 모진 고문을 당한 끝에 화형당했습니다. 그는 불에 타 죽기 전에 "우주는 무한하다"고 외쳤습니다.[2] 브루노가 죽고 10년 뒤 갈릴레오 갈릴레이Galileo Galilei, 1564~1642는 망원경을 통해서 브루노가 옳았다는 사실을 알게 됐습니다.

그렇다면 브루노 이전에 지동설을 주장한 코페르니쿠스는 어떻게 무사할 수 있었을까요? 코페르니쿠스는《천체의 회전에 관하여》에서 지동설을 이렇게 설명했습니다.

"하나님이 만든 신전이라고 할 수 있는 이 우주 한가운데에 촛불태양을 켜 놓는 것이 옳지, 궁색하게 촛불을 신전 안에서 빙글빙글 돌도록 해 놓을 까닭이 있겠는가?"

교회를 두려워했던 코페르니쿠스는 감히 직설적으로 말하지 못하고 비유를 통해 에둘러 설명했지요. 코페르니쿠스는 운이 좋았답니다. 책이 나오고 얼마 지나지 않아 숨을 거뒀으니까요. 천동설과 지동설을 둘러싼 그 유명한 갈릴레이의 재판은 코페르니쿠스와 부르노가 죽고 나서 열렸답니다.

참고로 코페르니쿠스의 지동설은 그의 죽음과 함께 100년 가까이 잠들어 있었답니다. 코페르니쿠스의 지동설은 논리와 추론의 산물이었지요. 아무런 증거가 없었답니다. 그러다가 17세기에 접어들어 지동설의 강력한 증거를 제시한 사람이 나타났습니다.

---

2 사실 다른 천체들에도 생명이 존재한다는 '다수의 세계들' 이론은 기원전 4세기 에피쿠로스(Epikuros, BC 341경~BC 270경)에 의해서 최초로 제시됐답니다.

바로 갈릴레이예요.

1610년, 갈릴레이는 자신이 만든 망원경을 이용해 목성과 금성을 관측하면서 지동설의 증거를 확인하게 됩니다. 갈릴레이는 목성의 네 위성[3]이 목성 주위를 돈다는 사실을 두 눈으로 관찰합니다.[4] 여기에서 모든 천체가 오직 지구 주위를 돈다는 천동설이 틀렸음을 확인합니다. 또한 금성 역시 달처럼 모양이 계속 변한다는 사실을 확인하면서 지동설을 확신하게 됩니다.[5]

물론 티코 브라헤Tycho Brahe, 1546~1601나 요하네스 케플러Johannes Kepler, 1571~1630 등의 업적도 빼놓을 수 없답니다. 이들은 코페르니쿠스의 지동설이 지닌 한계를 개선하고 극복하는 데 중요한 역할을 했지요. 더불어 우리는 그리스의 천문학자 아리스타르코스Aristarchos, BC 310?~BC 230?도 기억할 필요가 있습니다. 그는 무려 1,800년 전에 코페르니쿠스와 거의 같은 주장을 한 인물이랍니다. 코페르니쿠스도 책을 쓸 당시 아리스타르코스의 주장을 알고 있었답니다.

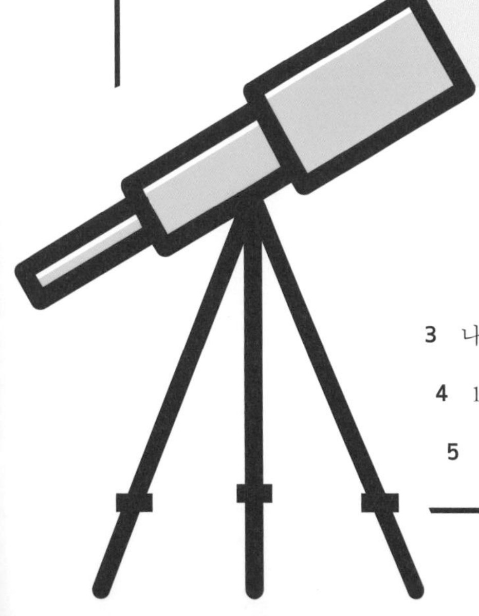

---

3 나중에 '갈릴레이 위성'으로 불립니다.

4 1610년 1월 7일.

5 1610년 12월 11일.

과학으로 밝힐 수 있는 것과 없는 것

브루노의 혁명적인 생각은 400년이 지난 오늘날에는 그리 혁명적으로 느껴지지 않습니다. 우주에는 브루노가 상상한 것처럼 우리와 닮은 외계인이 존재할지 모릅니다. 우주와 외계인에 대한 접근 방식은 두 가지가 있습니다. 하나는 과학적인 방식이고 다른 하나는 신화적인 방식이지요.

과학적 접근 방식은 '외계인이 있다'고 단정하지 않습니다. 다만 존재할 가능성을 따지지요. 반면에 신화적 접근 방식은 '외계인은 있다'고 단정합니다. 신화적인 방식은 이야기를 매개로 이루어진답니다. 외계인을 보거나 만났다는 사람들의 증언이 외계인이 존재한다는 사실을 뒷받침하지요.

과학적 언어와 신화적 언어의 차이는 객관적 증거와 검증 가능성에 있습니다. 과학은 검증할 수 있어야 합니다. 검증 가능성은 어려운 게 아닙니다. 누구나 경험을 하지요. 이를 주관적 경험이라 합니다. 주관적 경험이 객관적으로 확인될 때 객관적 사실이 될 수 있답니다. 가령 어떤 사람이 까마귀를 보고 '까마귀는 검구나.'라고 생각합니다. 여기까지는 주관적 경험이에요. 그런데 다른 사람들도 까마귀를 관찰하고 '까마귀가 검다'고 확인해 주면 객관적 사실이 되는 겁니다.

물론 객관적 사실로 인정받았던 것이 나중에 사실이 아닌 것으로 드러날 수도 있습니다. 옛날 사람들은 태양이 동쪽에서 떠서 서쪽으로 진다고 생각했습니다. 그게 그 시대의 객관적 사실이었지요. 그런데 과학이 발달하면서 망원경 등으로 관찰하여 새로운 사실을 확인했습니다. 그 결과 태양이 지구를 도는 게 아니라 지구가 태양 주변을 도는 것이라고 바로잡았지요. 이렇게 과학은 기존의 지식이 가진 오류를 인정하고 수정합니다.

과학에 주장이나 가설만 있는 것은 아닙니다. 언제나 주장과 가설을 뒷받침하는 관찰이나 실험이 있지요. 관찰과 실험은 다른 과학자도 똑같이 수행할 수 있어야 합니다. 그렇지 않다면 과학으로 인정받기 어렵답니다. 즉 어떤 사실은 검증을 거쳐 과학적 사실로 받아들여집니다. 그리고 과학적 사실에 반하는 새로운 사실이 발견됐을 때 과학적 지식은 새롭게 수정될 수 있지요. 이를 '반증 가능성'이라 부릅니다.

그러나 외계인을 보거나 만났다는 증언들은 일회적입니다. 다시 경험할 수 없지요. 물론 외계인을 여러 번 만났다고 주장하는 사람도 있습니다. 하지만 그것조차도 그 사람만이 경험한 사건으로 다른 사람에게 보여 주고 확인시켜 줄 수 없지요. 다른 사람이 확인할 수 없는 경험은 객관적인 사실이라고 주장하기 어렵습니다. 그렇지 않다면 귀신, 도깨비, 전생, 사후 세계 등 온갖 상상의 대상이 전부 객관적인 사실이 되겠지요. 그런 것들을 경험했다고 주장하는 사람들이 있으니까요.

잠시 귀신 얘기를 다뤄 볼까요? 여러분이 귀신을 보았다고 합시다. 그런데 여러분은 귀신을 보았다는 증거를 가지고 있지 않습니다. 같이 본 사람도 없고, 선명하게 찍힌 영상도 없지요. 그렇다면 귀신은 있을까요, 없을까요? 여러분한테는 있는 거지만, 귀신의 존재를 증명할 수 없다면 다른 사람한테는 없는 거지요.

사람들이 흔히 봤다는 귀신의 모습은 대체로 어떤가요? 처녀 귀신이라고 한다면 긴 머리에 하얀 소복을 입고 있다고 하지요. 도대체 귀신이 옷을 입고 있는 이유는 뭘까요? 혹시 귀신이 이승에 나타나기 전에, 단정하게 옷을 차려입는 걸까요? 게다가 왜 하얀 소복일까요? 귀신들 사이에도 유행하는 옷이 있는 걸까요?

문화권마다 귀신의 모습이나 형태는 다릅니다. 대신 한 문화권 안에서는 공통적이지요. 이를 통해 우리는 귀신이 초자연적 현상이 아니라 문화적 현상이라는 것을 알 수 있습니다. 하나의 문화권에서 특정한 형태로 구전되는 귀신의 모습이 사람들의 눈에 관찰되는 거지요. 처녀 귀신이 비슷한 옷차림을 한 이유랍니다.

외계인을 보거나 만난 사람들은 자신들의 경험을 진실로 믿고 받아들입니다. 다만 그것을 뒷받침할 만한 객관적 증거가 없습니다. 증언만 있을 뿐이지요. 어떤 주장이나 지식이 합리적이고 믿을 만한 것이 되려면 자기 혼자만의 경험에 그쳐서는 안 됩니다. 반드시 개인적인 경험을 넘어서야 하지요.

까마귀가 검은지 아닌지는 다른 사람들이 확인할 수 있지만, 외계인을 보거나 만난 경험은 지금까지 당사자 외에 다른 사람이 확인한 적이 없답니다. 귀신을 보았다는 사람과 다르지 않지요. 물론 증거가 없다고 무조건 거짓이라고 말할 수는 없습니다. 다만 증거를 제시할 수 없다면 객관적으로 존재한다고 주장하기 어렵다는 거죠. 외계인이 실제로 존재하는지는 아무도 모릅니다. 수많은 UFO 사진과 목격담이 있지만, 과학적으로 입증된 것은 하나도 없으니까요. 과학적으로 입증되지 못했다면 그와 같은 사진이나 영상은 객관적인 의미가 없습니다.

그렇다면 외계인 역시 존재한다는 증거가 없으니까 존재하지 않을까요? 아직 실망하긴 이르답니다. 존재하지 않는다는 증거도 없으니까요. 귀신 역시 존재한다는 증거도, 존재하지 않는다는 증거도 없습니다. 그럼에도 존재하지 않는다고 앞에서 설명했지요. 그런데도 외계인은 귀신과 달리 존재할 가능성이 있을까요?

외계인과 귀신의 차이

물론 존재할 가능성이 있습니다. 외계인은 왜 귀신과 다르게 취급할까요? 만약 외계인이 존재한다면 외계인은 생명체겠지요. 구체적인 모습과 형태는 알 수 없지만, 외계인이 생명체인 것만은 분명하지요. 생명체는 우주에 분명히 존재합니다. 우리가 바로 그 증거니까요. 이렇게 외계인의 존재 가능성은 지구의 생명체를 바탕으로 짐작할 수 있습니다. 반면에 귀신은 우리와 같은 생명체가 아닙니다. 지구의 생명체를 근거로 귀신의 존재 가능성을 따져 볼 수는 없는 거지요.

우리는 외계인을 실제로 만났다는 사람들처럼 '외계인은 무조건 존재한다'고 단정하고 탐구를 시작하지는 않을 것입니다. 가능성은 세 가지입니다. 첫 번째는 우리가 우주에서 혼자라는 겁니다. 지구 밖에는 어떤 생명도 존재하지 않으며 우주에는 오직 우리만 존재합니다. 두 번째는 우주에 생명체가 존재하지만, 아직 지적인 존재로 진화하지 못한 겁니다. 혹은 지적인 존재로 진화했지만, 아직 항성 간 이동을 할 정도로 과학기술을 발전시키지 못한 겁니다. 세 번째는 항성 간 이동을 할 수 있을 정도로 진보한 외계인이 존재하지만 너무 멀리 있어서 아직 우리를 발견하지 못한 겁니다. 아니면, 이미 우리를 발견했지만, 자신의 존재를 감추고 있을지도 모릅니다.

여러분은 어느 쪽이라고 생각하나요? 저는 개인적으로 세 번째 가능성을 믿고 싶습니다. 외계인이 존재할 만한 객관적인 증거는 아직까지 없습니다. 그러나 증거가 없다는 것이 외계인이 없다는 증거는 아니겠지요. 논리적 관점에서 증거가 없다는 것은 때로 무언가가 존재하지 않는다는 뜻이기도 합니다. 그러나 이 논리가 지구 너머에서 생명을 찾는 일에는 적용되지 않을 수도 있어요. 왜냐하면 외계 생명체를 찾는 우리의 노력은 이제 막 시작됐을 뿐이니까요.

아직 우리는 달 외에는 가 본 곳도 없을뿐더러, 다른 행성들에는 사진을 찍는 탐사선 외에는 우주선을 보내 본 적도 없습니다. 태양계 바깥의 항성들에는 탐사선조차 보내지 못했답니다. 드넓은 우주를 생각하면 지적인 존재가 단 하나밖에 없다는 생각이 안 들지요. 잠시 뒤에 우주의 크기와 별의 개수를 알아보면 여러분도 제 의견에 공감할 수 있을 거예요.

"어제까지도 꿈이라 여겼던 것들이 오늘은 희망이 되고, 내일은 현실이 될 수도 있다."

'로켓의 아버지'라 불리는 로버트 고더드Robert Hutchings Goddard, 1882~1945가 한 말입니다.

★★ 우리에게 지구가 돌고 있다는 사실을 알려 준 과학자들 ★★

"지구는 태양을 중심으로 돌고 있다"

- 아리스타르코스

아리스타르코스는 기원전 3세기에 인류 최초로 태양 중심설을 주장한 인물입니다. 태양 중심설은 수성, 금성, 지구, 화성, 목성, 토성이 모두 태양을 중심으로 회전한다는 주장입니다.

아리스타르코스는 어떻게 태양 중심설을 생각해냈을까요? 그는 월식 중에 달의 표면에 드리워진 지구의 그림자를 보고 태양이 지구보다 훨씬 크며 지구에서 멀리 떨어져 있다고 추론했습니다. 그는 커다란 태양이 그보다 작은 지구 둘레를 돌 수 없다고 여겼지요. 그러나 당시 사람들은 태양 중심설이 너무 혁명적이라 받아들이지 않았고, 태양 중심설은 이내 잊히고 말았답니다.

"모든 천체는 태양을 중심에 두고 원 운동을 한다"

- 니콜라우스 코페르니쿠스

코페르니쿠스는 아리스타르코스에 관한 책을 읽으면서 태양 중심설에 대해 생각했을 가능성이 높습니다. 책에서는 빠졌지만, 애초 원고에는 아리스타르코스가 자신보다 먼저라는 사실을 언급했답니다. 그래서 갈릴레이는 코페르니쿠스를 태양 중심설(지동설)을 발견한 사람이 아니라 "복귀시킨 사람"이라고 표현했답니다. 코페르니쿠스가 중요한 이유는 오랫동안 망각되었던 세계관을 체계적으로 정리해서 세상에 다시 내놓았다는 거지요.

코페르니쿠스는 지구 중심설로는 천체의 운동을 만족스럽게 설명할 수 없다고 생각했습니다. 특히 천체의 운동을 온전히 설명하기 위해서는 천체가 위치에 따라 다른 속도로 운동한다고 가정해야 했지요. 지구 중심설에 따라 관측된 천체의 움직임에 따르면 말입니다. 하지만 이는 완전성이라는, 코페르니쿠스가 생각한 천체의 본성과 어긋납니다. 코페르니쿠스는 이를 해결하기 위해 태양과 지구의 위치를 바꿔 생각하게 되었답니다. 그러나 코페르니쿠스의 지동설은 완벽한 이론은 아니었습니다. 행성의 운동을 실제와 달리 '원 운동'으로 이해했기 때문입니다. 코페르니쿠스는 원형이 아닌 궤도는 "생각만으로도 끔찍하다"고 말했지요.

"우주는 무한하다" - 조르다노 브루노

열여섯 살에 수도원에 들어가 철학과 신학을 공부하는 한편, 코페르니쿠스의 지동설을 알게 되어 큰 감명을 받았습니다. 브루노는 자연 속에 창조와 생성의 원리가 있다고 주장했답니다. "신은 주위를 돌면서 모든 것을 인도하는 예지(叡智)가 아니다. 신의 품속에 사는 모든 것이 제각기 운동한다고 생각하기보다 오히려 신이 운동의 내적 원리라고 생각하는 것이 훨씬 더 신에 대하여 합당한 일이다." 부루노는 신을 인격적 존재가 아니라 자연의 내적 원리로 이해했답니다. 중세의 '신중심주의'를 진리로 믿던 사람들의 눈에는 상당히 혁명적인 생각이지요. 이러한 생각은 자연을 한낱 신의 피조물로 여기던 당시의 자연관과 충돌했답니다.

브루노는 이탈리아를 떠나 스위스, 프랑스, 독일, 영국 등을 전전하며 방랑 생활을 해야 했습니다. 나중에 붙잡혀 처형되기 직전에 자신의 주장을 굽히면 죽음을 면하게 해 주겠다는 제안을 받았지만, 이를 물리치고 꿋꿋이 죽음을 맞았지요. 끝내 저버릴 수 없는 진리에 대한 신념 때문이었습니다. 이처럼 브루노는 중세의 폐쇄적 세계관을 버리고 현대로의 길을 연 사상가로 평가받습니다. 합리적이지 못한 정통 교리에 대한 비판, 신과 자연에 대한 이성적 접근, 태양 중심설이라는 우주에 대한 자연과학적 이해 등이 모두 현대의 문을 열었답니다.

이후 태양 중심설을 실제 관찰을 통해 증명해 낸 것은 갈릴레이랍니다. 그리고 원 궤도를 수정하여 태양 중심설을 이론적으로 정연하게 다듬은 것은 케플러입니다. 두 사람에 대해서는 123~125쪽에서 더 자세히 설명하겠습니다.

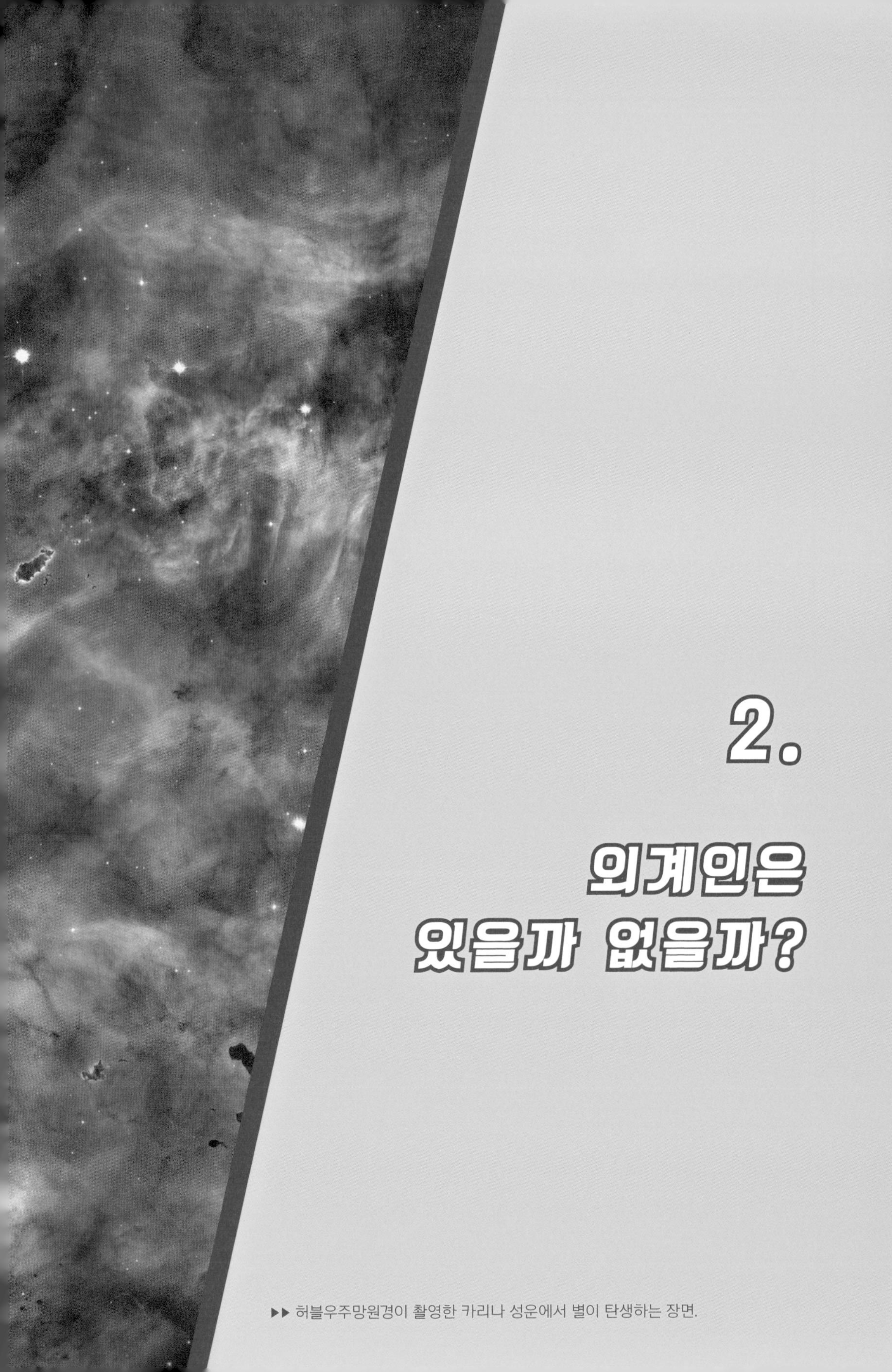

2.

외계인은 있을까 없을까?

▶▶ 허블우주망원경이 촬영한 카리나 성운에서 별이 탄생하는 장면.

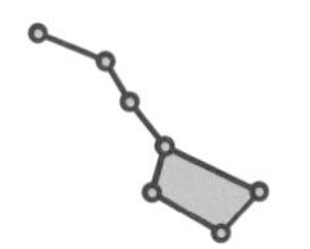

우주에는 별이 몇 개나 있을까?

이제 본격적으로 외계인을 찾으러 떠나 볼까요. 외계인을 찾아 떠나는 이번 여행은 분명 흥미롭지만 어려움도 있을 겁니다. 너무 어렵다 싶으면 건너뛰어도 괜찮습니다. 책 읽기는 학교 숙제랑 달라서 띄엄띄엄해도 상관없답니다.

이제부터 우리는 외계인의 존재 가능성을 따져 볼 거예요. 먼저 다음 질문에 대해서 생각해 볼까요?

서울에는 이발사가 몇 명이나 있을까?

탐정이나 형사가 범인이 남긴 단서를 가지고 범인을 찾아내는 이야기를 추리 소설이라고 합니다. 〈셜록 홈즈〉 시리즈가 대표적이지요. 홈즈는 보통 사람들이 지나치는 사소한 단서를 놓치지 않습니다. 그 단서를 가지고 누가 범인인지 귀신같이 찾아냅니다. 추리란 이렇게 '알고 있는 것'을 바탕으로 '알지 못하는 것'을 생각해 내는 거지요.

이제 올바른 추리 과정을 밟아 이발사의 수를 알아맞혀 봅시다. 우리가 알고 있는 것은 서울의 인구가 대략 1,000만 명이고, 그중에 절반이 남자라는 사실입니다.

1) 서울의 인구는 약 1,000만 명, 남자는 500만 명입니다.

2) 남자들은 여자들이 이용하는 미용실이 아니라 이발소나 남성 전용 미용실 등에서만 머리를 자른다고 하겠습니다.
3) 남자들이 한 달에 한 번꼴로 이발한다고 가정합시다.
4) 그러면 서울에서는 매년 500만 명×12번=6,000만 번의 이발이 이루어집니다.
5) 이발사가 하루에 최대 30명을 이발할 수 있다고 가정합시다.
6) 이발사는 1주일에 하루를 쉬고 1년에 300일을 일한다고 합시다.
7) 따라서 한 사람의 이발사는 1년에 30×300=9,000명을 이발합니다.
8) 필요한 전체 이발 횟수를 충족하려면 서울의 이발사 수는 6,000만÷9,000=6,666명이 됩니다.

1)부터 7)까지의 내용이 정확하다면 실제 이발사의 숫자를 거의 정확하게 알아맞힐 수 있습니다. 물론 2)부터 7)까지의 가정을 정확하게 하기란 쉽지 않겠지요. 이 계산의 경우 2)의 가정이 가장 문제가 될 수 있습니다. 사실 미용실을 이용하는 남자도 많으니까요. 어쨌든 실제 이발사의 숫자를 몰라도, 이와 같은 과정을 거쳐 이발사의 숫자를 실제와 거의 같게 짐작해 볼 수 있답니다.

이제 이와 같은 방식으로 외계인의 존재 가능성을 추론해 볼까요? 천문학자이자 천체 물리학자인 프랭크 드레이크Frank Drake, 1930~가 만든 '드레이크 방정식'이라는 게 있습니다.

$$N(\text{통신 가능한 고등 문명의 수}) = R_* \times f_p \times n_e \times f_l \times f_i \times f_c \times f_L$$

R_* : 별들의 총수

f_p : 행성계를 가질 비율

n_e : 생명이 살 수 있는 행성의 수

f_l : 생명이 탄생할 행성의 비율

f_i : 지적 능력을 갖출 확률

f_c : 기술 문명으로 진화할 확률

f_L : 기술 문명이 지속할 비율

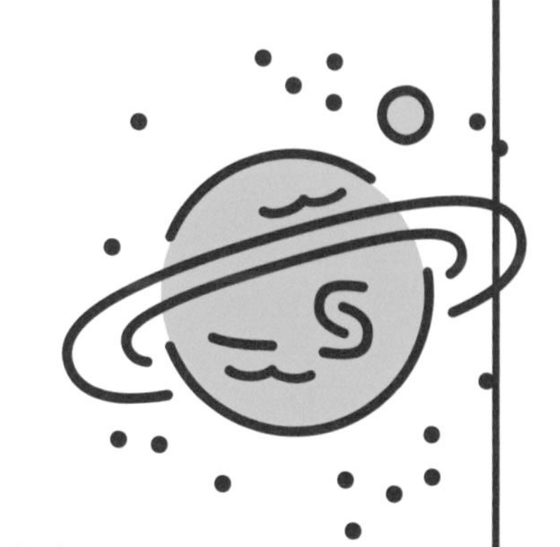

이 방정식은 우리 은하에 존재하는 외계인의 가능성을 계산하는 식입니다. 더 정확히는 그 외계인이 우리와 통신할 가능성을 계산하는 식이지요. 좀 어려워 보이나요? 겁내지 않아도 됩니다. 다소 길어서 복잡해 보일 뿐, 하나씩 뜯어보면 그리 어렵지 않게 이해할 수 있답니다. 복잡한 식처럼 보이지만 곱셈밖에 없습니다. 그러니까 수학을 싫어하는 사람도 충분히 이해할 수 있어요.

탐정처럼 생명체가 사는 별의 수 추리하기

이제 우리는 탐정이 되어서 외계인을 찾아볼 겁니다. 유능한 탐정들에겐 탐정 수칙이 있답니다.

첫 번째 수칙 : 최대한 많은 용의자를 찾아라.

유능한 탐정이라면 먼저 범인으로 의심되는 사람들을 빠짐없이 나열해 볼 겁니다. 그런 다음 찾아낸 단서를 이용해 범인이 아닌 사람을 한 명씩 빼겠지요. 그렇게 해서 마지막까지 남은 사람을 범인으로 지목한답니다. 외계인이 존재할 만한 행성도 이런 과정으로 찾아낼 수 있습니다.

별들의 총수 우선 범인으로 의심되는 용의자를 최대한 많이 찾아봅시다. 우리 은하 안에 있는 별들 전부가 되겠지요. 대략 1,000억 개에서 4,000억 개로 알려져 있습니다. 여기서 유능한 탐정의 두 번째 수칙이 필요합니다.

두 번째 수칙 : 가능하면 엄격하게 범인의 범위를 좁혀 가라.

우리는 최대 4,000억 개에서 시작할 수도 있겠지요. 하지만 외계인의 존재 가능성을 의심하는 사람들까지 동의할 수 있도록 엄격하게 숫자를 제한하겠습니다. 그래서 1,000억 개로 잡아 보겠습니다.

행성계를 가질 비율 그런데 별은 생명이 살기에는 너무 뜨겁답니다. 생명은 별항성이 아니라 우리 지구와 같은 행성이나 위성[6]에서 살 수 있습니다. 그래서 1,000억 개의 별 가운데 행성을 거느린 별로 범위를 좁혀 가야 합니다. 별이 탄생할 때는 행성도 함께 태

---

6 행성의 인력 때문에 그 둘레를 도는 천체. 지구에는 달이라는 위성이 있지요.

어난답니다. 우리 지구도 그랬고요. 따라서 이 비율은 1로 보면 될 겁니다.

생명이 살 수 있는 행성의 수 1,000억 개의 별은 여러 개의 행성을 거느릴 겁니다. 행성계에 행성이 하나일 수도 있고, 수백 개일 수도 있습니다. 우리 태양계만 해도 수성부터 천왕성까지 8개의 행성과 170개 이상의 위성이 있습니다. 그중에 일부만이 생명이 살아가기에 적합한 곳이지요. 지구가 대표적이고, 목성의 위성인 유로파와 토성의 위성인 타이탄과 엔셀라두스도 가능성이 높은 것으로 알려져 있습니다.

하지만 우리는 두 번째 탐정 수칙을 적용해 엄격하게 범위를 좁혀 가겠습니다. 그래서 하나의 행성계에 생명이 살아갈 수 있는 환경의 천체가 딱 하나만 있다고 가정하겠습니다. 물론 그 이상일 가능성도 충분히 있습니다. 뒤에서 자세히 살펴보겠지만 우리 태양계만 하더라도 여러 위성에서 생명이 존재할 가능성이 점쳐지고 있거든요. 다만 아직까지 본격적인 탐사 활동을 벌이지 못해서 확인할 수 없을 뿐입니다. 어쨌든 모든 행성계에 하나의 행성이 생명이 탄생할 만한 조건을 갖추고 있다고 가정하면 1,000억 개의 항성마다 각각 하나씩 모두 1,000억 개의 행성이 후보지로 좁혀집니다.

생명이 탄생할 행성의 비율 다음으로 1,000억 개의 후보지 중에서 실제로 생명이 출현할 행성을 찾아야 합니다. 저는 후보지 10개 가운데 하나꼴로 생명이 탄생할 수 있다고 가정하겠습니다.

이 수치를 높다고 생각할 수도 있겠지만, 1953년 시카고 대학의 생화학자 스탠리 밀러Stanley Lloyd Miller, 1930~2007와 해럴드 유리Harold Clayton Urey, 1893~1981의 실험으로 충분히 가능하다는 사실을 알 수 있게 되었습니다. 우주 어디에나 존재하는 입자에서 어렵지 않게 생물의 재료가 되는 분자가 만들어졌기 때문이지요.

수소, 수증기, 메탄, 암모니아, 황화수소 등 원시 지구의 하늘과 비슷한 환경을 투명한 유리 용기 안에 만듭니다. 이와 비슷한 성분의 혼합 기체를 목성의 하늘에서도 볼 수 있지요. 그리고 유리 용기 안에 전기 불꽃을 일으킵니다. 전기 불꽃을 일으키는 것은 옛 지구와 현재의 목성에서 공통으로 볼 수 있는 번개 현상을 재현한 거랍니다.

처음에는 별 변화가 감지되지 않습니다. 그런데 전기 방전을 계속 가하면 용기 속에서 흥미로운 사실을 발견할 수 있답니다. 처음에 넣었던 분자보다 더 복잡한 분자를 많이 포함한 연갈색의 액체가 용기 벽을 타고 흘러내리기 시작합니다. 밀러와 유리는 그 액체를 분석해 아미노산을 발견했습니다. 아미노산은 생명체를 구성하는 두 개의 대표 물질 중 하나로 단백질을 구성하는 요소랍니다.

이 실험을 통해서 수소, 메탄과 같은 무기물물이나 돌, 광석처럼 생명이 없는 물질에서 생물의 재료가 되는 물질을 쉽게 만들어 낼 수 있답니다. 물론 기본 재료가 모두 갖춰졌다고 해서 곧바로 생명이 탄생하는 것은 아닙니다. 시계를 만들 수 있는 부품을 한곳에 모아둔다고 해서 시계가 만들어지는 것은 아니니까요. 아직 이와 같은 기본 재료가 어떻게 생명체로 만들어지는지에 대해서는 알아내지 못했습니다.

생명의 재료가 갖춰졌다고 생명이 쉽게 만들어지는 것은 결코 아닙니다. 그것은 마치 평생 1등 복권에 당첨되는 것보다 더 어려운 일인지도 모릅니다. 그렇게 본다면, 생명이 탄생할 확률은 매우 낮아야겠지요. 그런데 우리가 일생, 즉 100년이 아니라 수천만 년, 혹은 수억 년 동안 복권을 산다면 당첨될 수 있겠지요. 이것이 바로 생명 탄생의 비밀이랍니다. 우리가 상상할 수 없는 시간의 길이가 생명 탄생을 가능케 하지요.

어쨌든 생물의 기본 재료를 만들 수 있다는 점에서 본다면, $\frac{1}{10}$의 확률이 그리 높은 것은 아니랍니다. 여기서 $\frac{1}{10}$이란 확률은 아무 행성 열 곳 가운데 한 곳에서 생명이 탄생한다는 뜻이 아니라, 생명이 서식할 수 있는 충분한 환경을 갖춘 행성 열 곳 가운데 한 곳에서 생명이 탄생한다는 의미니까요. 그렇게 본다면 그리 높은 비율도 아니랍니다.

그런 의미에서 어떤 학자들은 이 값을 1로 보기도 하지요. 즉 생명이 살아갈 만한 적당한 환경을 가진 거의 모든 행성에서 생명체가 탄생한다고 보는 겁니다. 우리는 두 번째 탐정 수칙을 적용해 더욱 엄격하게 가능성을 제한했지요. 결국 1,000억 개의 후보지 중에서 $\frac{1}{10}$인 100억 개의 행성에서 생명이 탄생할 수 있습니다. 100억 개면 아직까지 상당히 많은 수지요?

지적 능력을 갖출 확률, 기술 문명으로 진화할 확률 이제부터 어려운 단계가 남아 있습니다. 범인을 찾기 위한 단서가 매우 적기 때문이지요. 생명체가 탄생해서 오랜 시간의 진화를 거쳐 인간처럼 지적 능력을 갖추고, 더 나아가 기술 문명을 발전시켜 우리와 통신할 가능성은 과연 얼마나 될까요? 당연히 전파를 이용해 통신하려면 외계인이 우리의 전파망원경과 비슷한 통신 수단을 가지고 있어야겠지요.

이 질문에 어떤 값이 적절할지 쉽게 판단할 수가 없습니다. 실험을 통해 판단하거나 이론적으로 뒷받침할 만한 증거가 전혀 없기 때문이지요. 그래서 두 번째 탐정 수칙을 적용하겠습니다. 최대한 줄여서 $\frac{1}{10,000}$의 비율로 잡겠습니다. $\frac{1}{10}$이나 $\frac{1}{100}$의 비율로 보는 학자부터 아주 낮은 비율로 보는 학자까지 의견이 다양합니다. 칼 세이건Carl Edward Sagan, 1934~1996은 $\frac{1}{100}$로 보았지요. 반면에 세이건과 비교해 우리가 설정한 $\frac{1}{10,000}$은 상당히 엄격한 편이랍니다.

일단 생명이 탄생한 행성에서 진화 과정이 순조롭게 이루어질 것으로 보는 이들은 $\frac{1}{10}$처럼 가능성을 크게 봅니다. 그들은 삼엽충에서 불을 사용하기까지의 진화는 급격히 진행된다고 주장합니다. 반면에 생명이 탄생했다고 해서 발전된 기술 문명으로 진화하기는 쉽지 않다고 보는 이들도 있습니다. 그들은 100억 년 혹은 그 이상의 세월이 걸려도 발전된 기술 문명으로 진화하는 것은 생각보다 쉽지 않다고 주장합니다. 아직까지 어떤 주장도 설득력 있는 증거를 제시하지 못했습니다.

우리는 생명이 탄생해서 지적 능력을 갖출 확률을 $\frac{1}{100}$로, 지적 능력을 갖춘 생명체가 발전된 기술 문명으로 진화할 확률을 $\frac{1}{100}$로 보았답니다. 그리고 그 둘의 가능성이 모두 일어날 확률을 계산하여 $\frac{1}{100} \times \frac{1}{100} = \frac{1}{10,000}$이라는 값을 얻었습니다.

그러니까 만 곳 중 한 곳에서만 생명체가 탄생해서 지적 능력을 갖추고, 더 나아가 고도의 과학기술을 발전시킬 수 있다는 거지요. 앞에서 100억 개의 후보지가 있었으니까, 100억 $\times \frac{1}{10,000}$ 은 100만 개가 됩니다.

기술 문명이 지속할 비율 우리 은하에는 100만 개의 문명권이 있다고 가정해 볼 수 있습니다. 다만 현재 100만 개의 문명권이 동시에 존재하는 건 아닙니다. 수백만 년 전에 고도의 기술 문명이 존재했다 사라졌다면 우리와 만날 수 없겠지요. 또한 우리가 내일 멸망한다 해도 발전된 기술 문명과 만날 수 없을 겁니다. 결국 우리와 외계인이 만나려면 우리와 그들이 같은 시간대에 존재하고 있어야 합니다. 100만 개의 문명권 중에서 우리와 같은 시간대에 존재할 문명권은 얼마나 될까요?

행성 전체의 수명 중에서 발전된 기술 문명이 차지하는 기간을 생각해 봅시다. 무슨 말이냐고요? 인간은 지적인 생명체입니다. 그러나 인간의 수명을 100살로 봤을 때 100년 내내 지적인 존재로 살아가는 건 아니지요. 적어도 생후 5년까지는 지적인 존재가 아닙니다. 이처럼 발전된 기술 문명을 이룬 행성이 있다고 해서, 행성이 처음 만들어질 때부터 문명이 건설되는 건 아닙니다. 생명이 탄생하고 오랜 진화의 과정을 거친 후에야 발전된 기술 문명을 이룩할 수 있습니다. 뿐더러 고도의 문명이 영원히 지속하는 것도 아닙니다. 소행성 충돌과 같은 외적인 요인이나 전쟁이나 전염병 같은 내적인 요인 때문에 일정 기간 존재한 문명이 멸망할 수도 있지요. 결국 어떤 문명이든 행성의 전체 역사에서 '어느 기간만큼'만 지속하기 마련입니다.

발전된 기술 문명은 얼마나 지속할까요? 이 문제에 대한 답은 우리 지구를 참고해 찾을 수 있겠습니다. 생명이 태어나서 지금까지 수십억 년의 세월이 흘렀지만, 과학기술이 고도로 발전한 시기는 겨우 100년도 안 되지요. 우리가 당장 멸망하지는 않을 겁니다. 그러나 인류는 자원의 고갈과 환경의 파괴, 그리고 핵전쟁의 위험을 안고 살아갑니다. 그래서 수백 년 후에 멸망할 수도 있습니다.

인류가 이 위기를 극복하고 앞으로 2만 년을 지속하다 멸망한다고 가정해 봅시다. 물론 인류는 그보다 오래 살아남을 수도 있고, 그 전에 멸망할 수도 있습니다. 그러면 문명의 역사가 지구의 역사에서 차지하는 비율이 나올 겁니다. 지구의 수명을 100억 년으로 치고 인류가 고도의 문명을 2만 년 정도 지속한다고 하면, 100억 년을 2만 년으로 나눠서 $\frac{1}{50만}$이라는 결과가 나옵니다. 다시 말해 인류는 지구 전체의 역사 가운데 $\frac{1}{50만}$ 시간 동안 발전된 기술 문명을 유지한다는 겁니다.

앞에서 우리는 100만 개의 행성에서 발전된 기술 문명을 이룩한다고 계산했습니다. 그런데 100만 개의 문명이 같은 시간대에 모두 존재하는 건 아니라고도 했습니다. 어떤 문명은 수십만 년 전에 존재했다 사라지고, 또 어떤 문명은 수십만 년 후에 출현합니다. 100만 개의 문명이 존재하는데, 그들이 지구처럼 자기 행성의 전체 수명에서 일정한 시간 동안 지속한다고 가정해 봅시다. 모든 외계 문명권이 존재하는 행성이 지구처럼 100억 년을 살 것으로 가정하겠습니다. 그렇다면 같은 시간대에 존재하는 문명은 100만 개를 50만으로 나누면 나오겠지요. 결국 두 개 정도의 문명이 같은 시간대에 존재할 수 있습니다. 즉 우리 은하에 지금 우리와 통신할 수 있는 발전된 기술 문명이 우리를 포함해 적어도 두 개 있다는 결론이지요.

물론 우리 문명이 2만 년 이하로 지속할 것으로 가정하면 최종값은 두 개 이하가 되겠지요. 결국 우주에 존재하는 통신 가능한 문명의 존재 여부를 계산하다 보면 우리 자신을 돌아보게 됩니다. 우리가 이 지구에서 얼마만큼 문명을 지속하며 사느냐의 문제가 방정식의 값을 구하는 중요한 열쇠가 되니까요. 여러분은 우리 인간이 이 지구에서 얼마나 오랫동안 존재할 수 있으리라고 생각하나요? 인류가 과학기술을 발전시켜 살아온 시간이 수백 년도 안 되지만, 지구에는 벌써 지금까지 인류가 경험하지 못한 문제들이 발생하고 있답니다. 지구온난화 같은 문제 말이지요. 이처럼 외계인의 존재 가능성을 따지다 보면, 의도하지 않게 인류의 미래를 생각하게 됩니다.

중요한 건 인류가 멸망하지 않는 것

지금까지의 계산을 다시 쭉 훑어보세요. 우리와 외계인이 만날 가능성을 결정하는 가장 중요한 요소는 '문명의 지속 능력'입니다. 대부분의 외계 문명이 항성 간 이동과 통신을 할 수 있는 수준으로 발전한 뒤 금방 멸망해 버렸다면, 현재 우리 은하에서 생명체가 있는 행성은 지구밖에 없을지도 모릅니다. 하지만 대부분이 위기를 극복하고 수만 년, 혹은 수십만 년을 살아남는다면 우리 은하에는 우리 말고도 수많은 외계 문명이 있을 겁니다. 우리도 마찬가지입니다. 지구 역사의 오랜 세월 동안 이제야 인류는 우주에 눈을 뜨고 외계인과 통신할 수 있는 최소한의 기술을 확보했습니다. 그런데 우리가 얼마 지나지 않아서 멸망한다면, 외계인과 통신할 수 없겠지요. 드레이크 방정식에서 가장 중요한 요소인 '문명의 지속 능력'은, 우리 자신에게 가장 중요한 문제인지도 모르겠습니다.

드레이크 방정식에 지금까지의 내용을 대입해 보겠습니다.

R_*(별들의 총수) : 1,000억 개

f_p(행성계를 가질 비율) : 1

n_e(생명이 살 수 있는 행성의 수) : 1개

f_l(생명이 탄생할 행성의 비율) : $\frac{1}{10}$

f_i(지적 능력을 갖출 확률) : $\frac{1}{100}$

f_c(기술 문명으로 진화할 확률) : $\frac{1}{100}$

(f_i, f_c) $\times \frac{1}{10,000}$

f_L(기술 문명이 지속할 비율) : $\frac{1}{50만}$

N(통신 가능한 고등 문명의 수)$=1,000억 \times 1 \times 1 \times \frac{1}{10} \times \frac{1}{100} \times \frac{1}{100} \times \frac{1}{50만} = 2개$

지금까지의 계산은 천문학자 세이건이 《코스모스》에서 제시한 내용을 일부 참고했습니다. 《코스모스》는 출판된 지 다소 오래된 책이라서 일부만 참고했답니다. 세이건이 자신의 책에서도 밝혔지만 앞쪽의 인수들은 비교적 잘 알려져 있습니다. 가령 은하에 있는 별의 수나 행성계를 구성하는 행성들의 개수 등은 비교적 잘 알려진 편이지요. 그러나 뒤쪽으로 갈수록 우리가 아는 건 별로 없답니다. 우리는 지적 생명체로의 진화나 기술 문명의 지속 기간 등에 대해서는 거의 알지 못합니다. 그저 우리가 사는 지구에 비춰 대강이나마 추측해 볼 따름입니다.

사실 앞쪽의 인수들도 과학자에 따라 조금씩 달라지긴 합니다. 가령 우리 은하 안에 있는 별의 총수도 과학자에 따라 다르지요. 과학자들은 대략 1,000억 개에서 4,000억 개를 제시하는데, 우리는 1,000억 개로 가정하고 계산했습니다. 일정한 범위 안에 있어서 뒤쪽의 인수들처럼 완전히 불확실하지만은 않다는 점에서 그나마 나아 보입니다.

이 식을 만든 드레이크는 우리 은하에 지적 생명체가 사는 행성을 약 만 개로 추정했습니다. 이 방정식의 정답은 없습니다. 방정식을 만든 드레이크의 추정값조차 정답이 아니지요. 과학자에 따라서 N의 값은 0~1,000만 개까지 폭넓게 잡고 있답니다.

사실 외계인의 존재 가능성은 우리가 계산한 것보다 훨씬 높답니다. 그 이유는 우리의 계산이 우리 은하에만 해당되기 때문입니다. 범위를 우리 은하가 아닌 우주 전체로 확대하면 그 수는 엄청나게 커집니다. 우리 은하에 우리를 포함해 두 개의 문명권이 존재한다고 해도, 우주 전체에는 2,000억 개의 문명이 존재할 수 있겠지요.

은하의 수를 1,000억 개로만 잡아도 그렇습니다. 바로 우리와 같은 시간대에 말입니다. 드레이크의 추정대로 하자면 지적 생명체가 약 1,000조 개나 됩니다. 우주가 얼마나 크고 위대한지 실감하게 되지요? 다만 우리 은하를 벗어나면 너무 멀리 떨어져 있게 되므로 드레이크도 우리 은하로 제한했을 거예요.

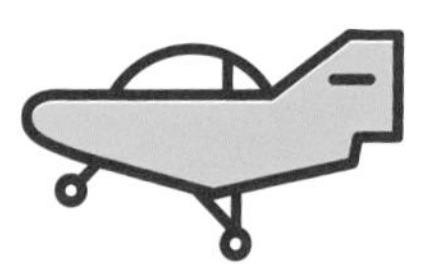

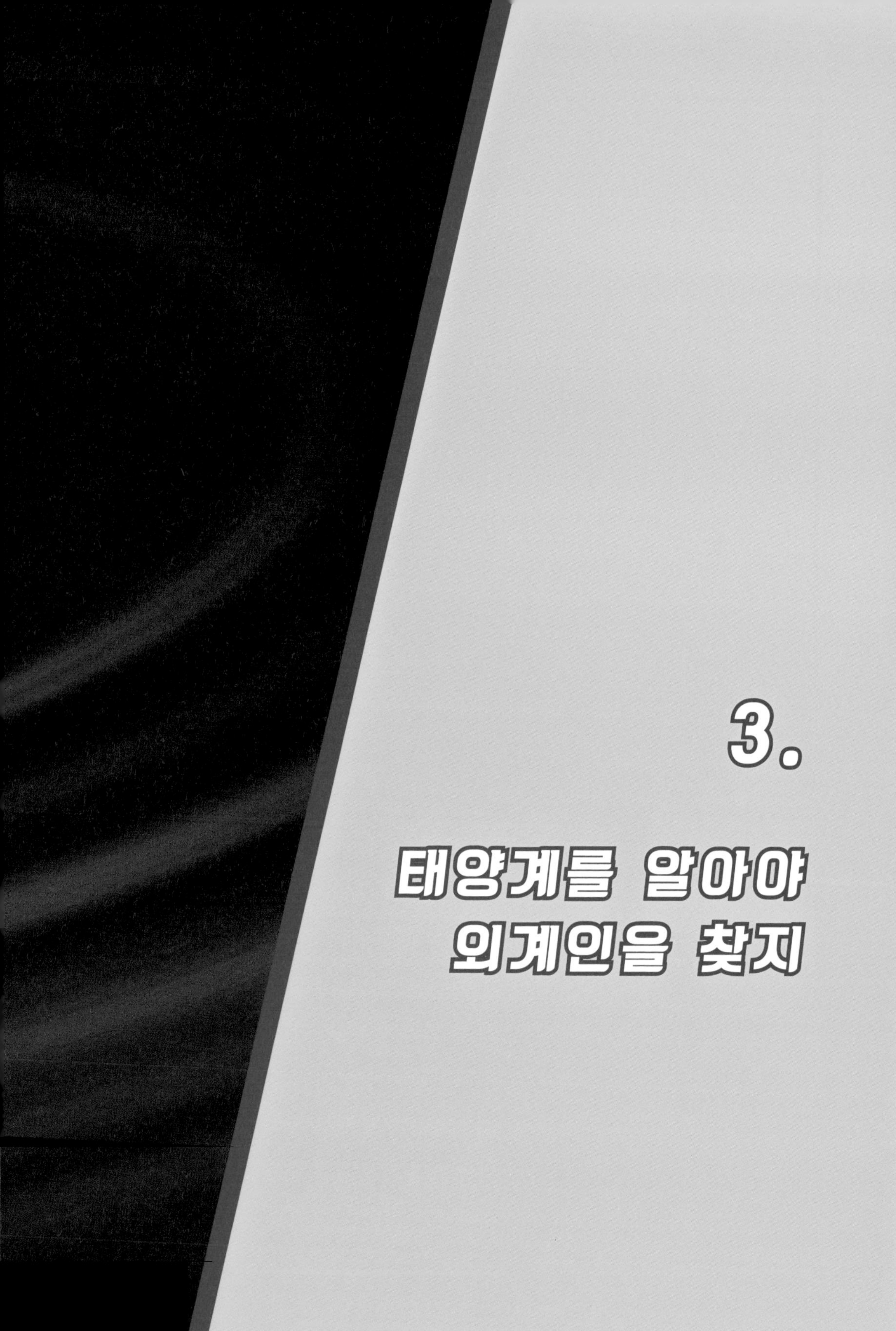

3. 태양계를 알아야 외계인을 찾지

태양도 별이다

외계인이 존재할 가능성이 있는 이유는 우주가 매우 넓기 때문이지요. 이제 우리는 넓고 넓은 우주에 대해서 살펴볼 겁니다. 그런데 그 전에 먼저 알아볼 것이 있습니다. 바로 우리의 고향인 지구가 속한 태양계를 살펴보는 일입니다.

태양계의 중심에는 태양이 있습니다. 태양은 태양계 전체 질량의 99.86%를 차지할 정도로 압도적입니다. 태양계의 행성과 위성, 왜소 행성, 소행성 등을 전부 합해도 태양계 질량의 0.5%밖에 안 됩니다. 그러니까 태양계의 나머지는 군더더기에 지나지 않습니다. 그런 엄청난 질량 덕분에 태양은 태양계의 모든 것을 거대한 힘으로 끌어안고 있답니다.

질량에 대해서 잠깐 살펴볼까요? 질량과 비슷한 개념으로 무게가 있습니다. 아주아주 높은 산에 올라가면 몸무게가 미세하게 줄어듭니다. 왜 그럴까요? 땀을 많이 흘려서요? 그런 이유도 있겠지만, 지구 중심에서 멀어지기 때문입니다. 지구 중심부에서 우리를 끌어당기는 힘이 있습니다. 그 힘을 '중력'이라 부르지요. 지구 중심에 가까우면 당기는 힘이 세지고, 멀면 당기는 힘이 약해집니다. 높은 산에 있으면 중심에서 멀어지기 때문에 당기는 힘이 약해집니다. 무게는 이렇게 지구가 물체를 잡아당기는 크기를 나타내는 거랍니다. 가령 여러분의 몸무게가 36kg이라면 지구가 여러분을 그 정도 세기로 잡아당기고 있는 거지요.

달의 중력은 지구 중력의 $\frac{1}{6}$입니다. 그래서 달에 가면 통통 튀어 오르듯이 걷게 되지요. 잡아당기는 힘이 약하니까요. 당연히 달에서 몸무게를 재면 중력이 줄어든 만큼 몸무게도 줄어듭니다. 정확히 $\frac{1}{6}$로 줄어들지요. 그러나 몸무게가 줄었다고 해서 몸 자체가 달라지는 건 아니랍니다. 뚱뚱한 사람이 달에 간다고 몸이 홀쭉해지지는 않아요. 이렇게 중력과 상관없이 물체가 가진 고유한 양이 있습니다. 이것을 나타내는 값이 바로 '질량'입니다. 그러니까 질량은 우주 어디를 가나 변하지 않고 그 값이 똑같이 유지

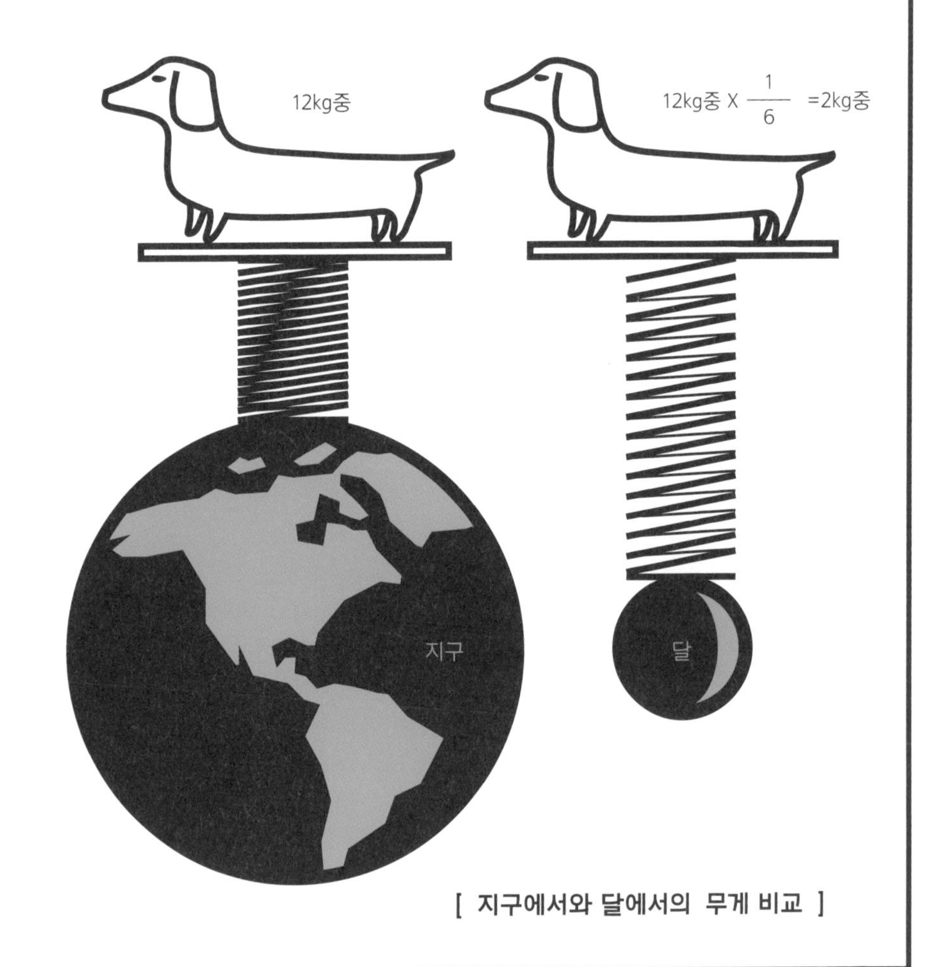

[지구에서와 달에서의 무게 비교]

되지요. 정리하자면 체중계로 잰 여러분의 몸무게가 36kg이라면, 여러분의 질량은 '36kg'이고, 지구에서의 여러분의 몸무게는 '36kg중'이랍니다. 만약 여러분이 달에 간다면 여러분의 질량은 여전히 36kg이고, 몸무게는 $\frac{1}{6}$인 '6kg중'이 된답니다.[7]

태양은 스스로 빛을 내는 별입니다. 이렇게 스스로 빛나는 별을 '항성'이라고 부른답니다. 태양은 어떻게 불타는 걸까요? 태양의 중심에서는 핵융합반응[8]이 일어나고 있습니다. 핵융합반응이란 가벼운 원소의 핵이 모여 무거운 원소의 핵을 만드는 현상입니다. 태양 내부에서는 두 개의 수소가 합쳐져 하나의 헬륨이 되지요. 이 과정에서 엄청난 빛과 열이 생겨난답니다. 태양의 중심핵은 온도가 무려 1,500만℃에 이릅니다. 지옥이 있다면 아마 태양이 아닐까요? 핵융합반응을 이용해 만든 무기가 바로 수소폭

---

7 원래 'kg'은 무게를 나타내는 단위가 아니라 질량을 나타내는 단위랍니다. 무게를 나타내는 단위는 'kg중'이라고 합니다. 무게는 중력이 물체를 끌어당기는 힘에서 나왔기 때문에 '중'을 붙인답니다.

8 더는 쪼갤 수 없는 물질의 최소 단위를 '원자'라고 합니다. 원자의 중심에는 '원자핵'이 있습니다. 핵융합반응은 수소의 원자핵이 결합해 헬륨의 원자핵을 만드는 과정이랍니다. 핵융합반응의 재료인 두 개의 수소 원자량은 4.0312입니다. 이들이 결합해 만들어진 헬륨의 원자량은 4.0026이지요. 그렇다면 나머지 0.0286의 질량은 어디로 갔을까요? 줄어든 질량만큼 빛과 열이 발생한답니다. 태양은 핵융합반응에 쓰일 수소를 엄청나게 가지고 있습니다. 태양은 거대한 수소 덩어리라 하겠습니다. 태양에만 수소가 풍부한 건 아닙니다. 수소는 우주를 구성하는 가장 기본적인 물질입니다. 또한 가장 풍부한 물질이기도 하지요. 우주 전체 질량의 75%를 차지할 정도니까요. 나머지 질량은 거의 헬륨이 차지한다고 보면 됩니다.

탄입니다. 수소폭탄이 터진다면 세상은 한순간에 지옥이 되고 말 것입니다.

태양 빛은 영원히 꺼지지 않을 것 같습니다. 그러나 언젠가는 태양도 죽는답니다. 우주에 존재하는 모든 것은 탄생과 죽음을 겪습니다. 핵융합반응에 필요한 원료를 다 쓰고 나면 태양도 죽음을 맞게 되지요. 태양은 대략 50억 년을 살았습니다. 태양의 수명을 100억 년 정도로 보니까 사람으로 치자면 인생의 절반 정도를 살았다고 하겠습니다. 별도 인간의 인생처럼 탄생 → 성장 → 죽음의 과정을 밟습니다. 태양은 점점 커지다가 어느 순간 폭발하면서 최후를 맞게 됩니다.

태양계의 이웃들

태양 주위에는 수성, 금성, 지구, 화성, 목성, 토성, 천왕성, 해왕성 등이 돌고 있습니다. 이렇게 항성을 중심으로 도는 천체를 '행성'이라고 부릅니다. 그리고 태양 주위를 도는 운동을 '공전'이라고 하지요. 공전은 한 천체가 다른 천체 주위를 도는 운동을 가리킵니다. 행성이 항성 주위를 도는 것도, 위성이 행성 주위를 도는 것도 모두 공전이랍니다. 지구의 공전주기는 1년입니다. 즉 지구는 태양 주위를 1년에 한 바퀴 돈답니다. 태양에서 멀수록 공전주기는 길어집니다. 태양에서 가장 멀리 떨어진 해왕성은 공전주기가 165년이나 됩니다.

태양은 스스로 빛을 내지만, 행성은 스스로 빛을 내지 못합니

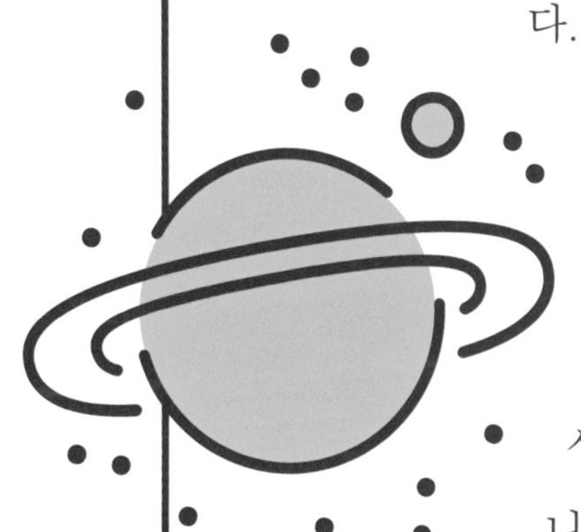

다. 태양의 빛을 반사해 반짝일 뿐이지요. 밤하늘에서 가장 반짝거리는 천체를 찾아볼까요? 아마도 여러분이 찾은 천체는 목성일 겁니다. 그러나 목성보다 더 밝은 천체가 있답니다. 바로 금성이지요. 행성의 크기는 목성과 토성이 가장 크지만 밝기는 그렇지 않습니다. 지구로부터 멀리 떨어져 있기 때문이지요. 가장 밝은 금성은 밤하늘에서 아주 잠깐 볼 수 있을 뿐입 니다. 해가 지고 별이 보이기 시작할 때 서쪽 하늘에 잠깐 보입니다. 참고로 붉게 빛나는 별은 화성입니다.

행성 주위를 공전하는 천체도 있습니다. 이를 '위성'이라 부르지요. 지구 주위를 도는 달이나 토성 주위를 도는 이오가 대표적인 위성이랍니다. 위성도 행성과 마찬가지로 스스로 빛을 내지 못합니다. 태양 빛을 반사해 반짝일 뿐이지요. 태양계에는 여덟 개의 행성이 있고, 170개 이상의 위성이 있습니다. 목성은 위성만 112개에 달합니다. 태양계에서 가장 큰 행성답지요. 두 번째로 큰 토성은 60개의 위성을 거느리고 있답니다.

이제 천체의 크기를 살펴보겠습니다. 태양은 태양계의 중심인 만큼 크기도 엄청나답니다. 태양의 지름은 지구의 109배입니다. 부피는 130만 배고요. 태양과 비교하면 지구와 금성, 화성, 수성은 작은 점에 불과합니다. 그나마 목성과 토성이 행성 체면을 세워 주네요. 만약 지구를 지름 1㎜ 정도의 볼펜 점으로 보면, 태양은 지름 10㎝ 정도의 테니스공과 같습니다. 그리고 지구는 태양으로부터 약 15m 거리에서 태양 주위를 돈다고 생각하면 됩니다.

밤하늘에서 반짝이는 별들은 대부분 항성입니다. 그러니까 반짝이는 것들 하나하나가 모두 우리의 태양과 비슷한 놈들이라고 생각하면 됩니다. 다만 너무 멀리 있어서 태양을 볼 때처럼 눈부시지 않을 뿐이지요. 실제로 그 별들 가운데는 태양보다 훨씬 큰 것들도 있답니다.

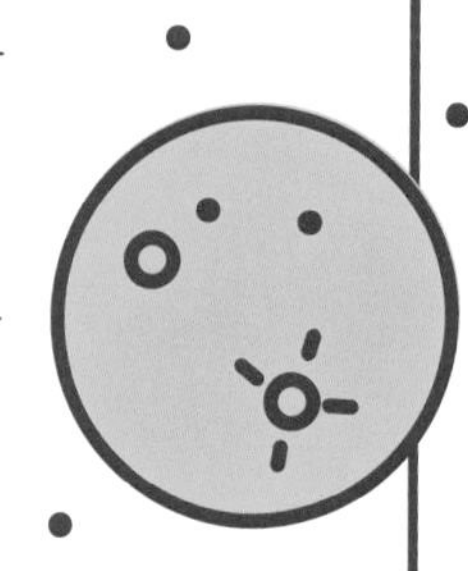

행성은 우리 눈에 보이지 않습니다. 당연하죠. 항성도 너무 멀리 있어서 희미하게 반짝일 뿐인데, 항성의 빛을 반사해 반짝이는 조그마한 녀석들이 보일 리가 없지요. 다만 우리 태양계에 있는 수성, 금성, 화성, 목성, 토성 등은 볼 수 있습니다. 다른 항성들보다 훨씬 가까이에 있기 때문이지요. 밤하늘에서 유독 반짝이는 녀석들은 대개 이놈들이랍니다.

가까이 있다고 말했지만, 정말 가까운 건 아니에요. 다른 항성들에 비해서 상대적으로 가깝다는 것뿐입니다. 지구와 태양의 거리를 1AU라고 합니다. 대략 1억 4,960만㎞입니다. 지구와 목성의 거리는 4.2~6.2AU[9], 지구와 해왕성의 거리는 대략 29AU나 된답니다. 그러니까 해왕성은 태양보다 29배나 멀리 떨어져 있지요. 항성과 비교하면 가까이 있을 뿐, 결코 가까운 거리는 아닙니다.

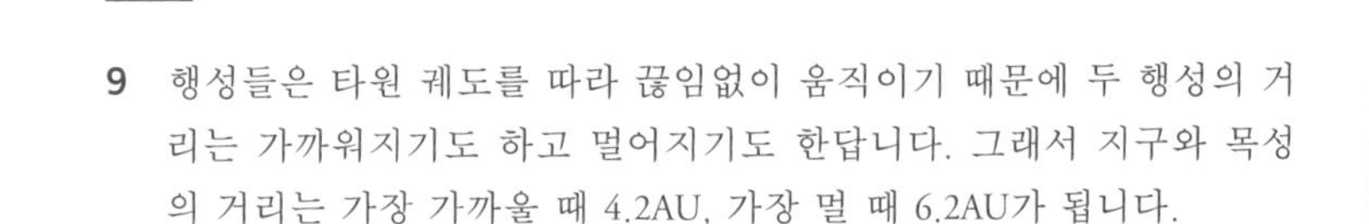

9 행성들은 타원 궤도를 따라 끊임없이 움직이기 때문에 두 행성의 거리는 가까워지기도 하고 멀어지기도 한답니다. 그래서 지구와 목성의 거리는 가장 가까울 때 4.2AU, 가장 멀 때 6.2AU가 됩니다.

지름 4,879 12,103 12,756 6,794 142,984

Murcury
수성

Venus
금성

Earth
지구

Mars
화성

Jupiter
목성

120,536

51,118

49,528 km

Saturn

Uranus

Nepturn

토성

천왕성

해왕성

[태양계의 행성들]

볼수록 친근한 달

우리는 매일 행성들의 이름을 부르며 살아갑니다. 무슨 말이냐고요? 월요일부터 토요일까지 요일을 가리키는 단어는 모두 행성의 이름[10]에서 따왔답니다. 월月요일은 달, 화요일은 화성, 수요일은 수성, 목요일은 목성, 금요일은 금성, 토요일은 토성입니다. 일日요일은 태양이지요.

지구와 가장 가까운 천체는 달입니다. 달은 가까운 거리만큼이나 인간에게 친근하지요. 우리 조상은 정월 대보름에 달을 보며 소원을 빌었지요. 우리가 보는 달의 모습은 늘 같습니다. 우리는 달의 뒷면을 보지 못합니다. 미국에서 보든, 유럽에서 보든 다 마찬가지랍니다. 그 이유는 달의 공전주기와 자전스스로 돈다는 뜻 주기가 같기 때문이에요. 달은 27.3일 동안 지구를 한 바퀴 돕니다. 마찬가지로 27.3일 동안 제자리에서 한 바퀴를 돌지요. 쉽게 설명해

---

10 영어로 월요일은 'monday', 일요일은 'sunday'이랍니다. 'monday'도 원래는 'moonday'였지요. 토요일(saturday)에는 토성(Saturn)이 들어 있습니다. 여기까지는 행성이 요일 이름에 분명히 남아 있지요. 나머지 요일들은 잘 모르겠지요? 스페인어를 안다면 나머지 요일도 쉽게 연결시킬 수 있답니다. 스페인어에는 행성의 어원이 분명하게 남아 있기 때문이지요. 스페인어로 화성은 Marte, 수성은 Mercurio, 목성은 Júpiter, 금성은 Venus라고 하지요(영어로 Mars, Mercury, Jupiter, Venus에 해당합니다.) 여기에 대응하는 요일들은 스페인어로 화요일이 Martes, 수요일이 Miércoles, 목요일이 Viernes, 금요일이 Vierne입니다.

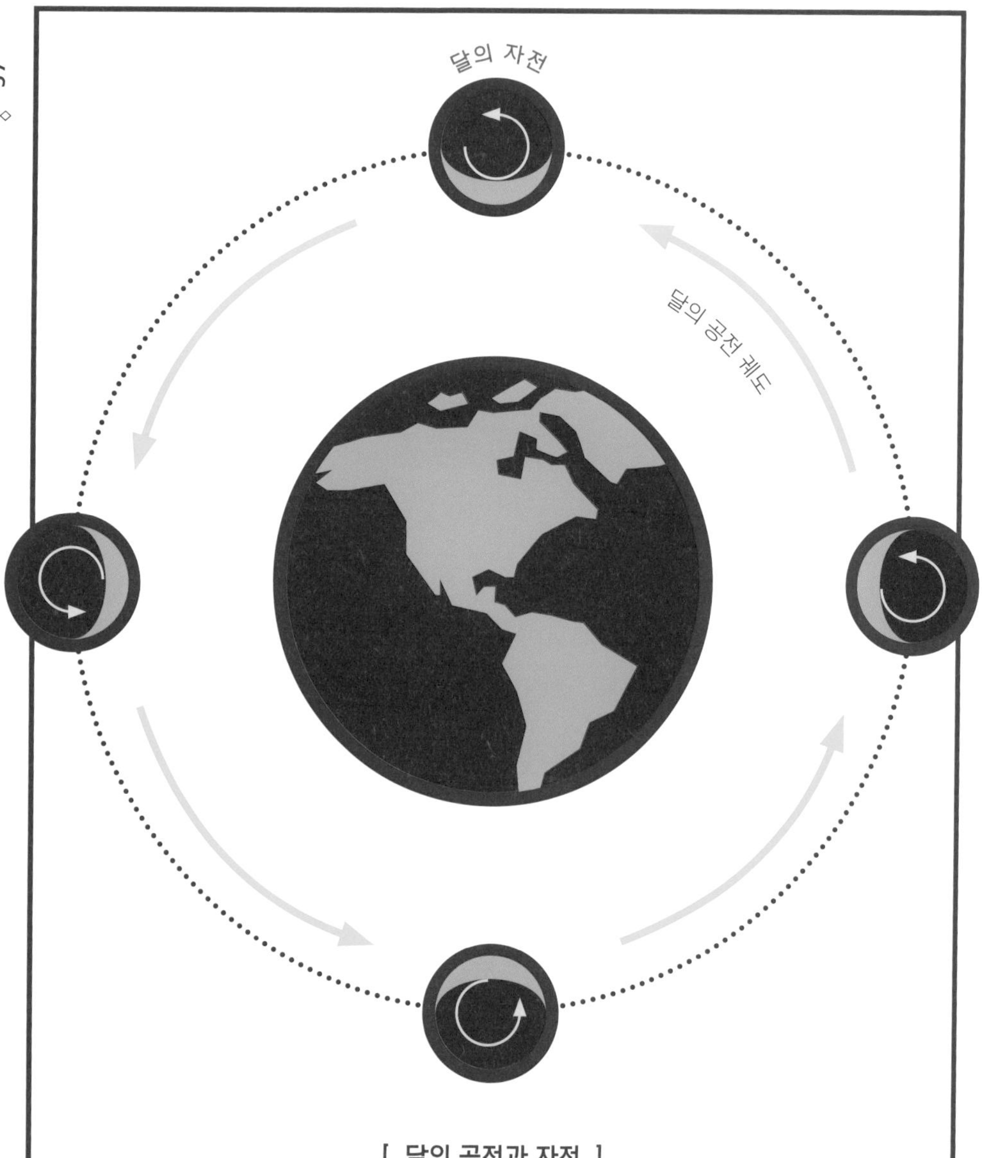

[달의 공전과 자전]

달의 지구의 공전주기와 자전주기가 같아서 지구에선 달의 한 면만 보게 된다.

서 여러분이 동생의 두 손을 잡고 빙글빙글 돈다고 생각해 보세요. 여러분은 동생의 얼굴만 볼 수 있을 겁니다. 아무리 많이 돌아도 동생의 등쪽은 볼 수 없지요. 지구와 달의 관계는 여러분이 동생의 손을 잡고 빙글빙글 도는 모습과 같답니다.

지구는 시속 1,600km 이상으로 자전하는 동시에 시속 10만 8,000km로 태양 둘레를 공전하지요. 태양은 시속 70만km가 넘는 속도로 은하 내부를 이동합니다. 우리 은하는 시속 약 250만km로 우주 속을 이동하지요.

소행성이 무서워

달의 표면에는 수많은 구덩이가 있습니다. 크레이터라고 부르는데, 소행성이나 혜성과 충돌한 흔적이랍니다. 수성에도 비슷한 구덩이가 많습니다. 얼핏 보면 달과 수성이 많이 닮아 보입니다. 지구의 모습과는 많이 다르지요? 지구에도 크레이터가 있긴 합니다. 저 정도로 많지는 않지만요. 그 이유는 지구에는 소행성의 폭격을 막아 주는 보호막이 있지만, 달이나 수성은 자신을 보호

달의 크레이터

할 수단이 전혀 없기 때문입니다. 그 보호막이 바로 대기권大氣圈, 쉽게 말해 공기의 층입니다. 지구는 운석이 날아들 때 그것을 잘게 부수거나 속도를 늦춰 줄 대기권을 가지고 있습니다.
그러나 대기권이 없는 달이나 수성은 운석이 날아온 그대로의 속력과 모양으로 충돌합니다. 어마어마한 충격이 가해지겠지요. 소행성의 위력은 우리가 상상하는 것 이상이랍니다. 대기권이라는 보호막이 있는 지구에서조차 63빌딩 크기지름 300m의 소행성이 충돌하면 한 나라 정도는 완전히 파괴된답니다. 크레이터는 엄청난 충돌이 남긴 상처인 것입니다.

소행성은 지구에도 무척 위협적입니다. 지구에 충돌할 가능성이 있는 소행성이 많기 때문이지요. NASA미국항공우주국는 이미 수십 년 전부터 소행성을 감시했답니다. 지구로 다가오는 소행성 중 지름 1km 이상인 것들을 찾아 지속해서 관찰하고 있지요. NASA는 지금까지 지구 가까이에 있는 소행성을 9,439개나 찾아냈답니

수성의 크레이터

다. 이 중에서 충돌했을 때 인류 전체의 생존을 위협하는 지름 1㎞ 이상인 큰 소행성은 858개입니다. 이 소행성 앞에서 대기권이라는 보호막은 아무 소용이 없답니다. 상당히 규모가 큰 소행성은 100만 년에 한 번꼴로 지구와 충돌했어요.

과학자들은 6,500만 년 전에 멕시코 유카탄 반도에 떨어진 지름 10㎞의 거대한 소행성이 공룡들을 멸종시켰다고 봅니다. 이 충돌로 지름 180㎞가 넘는 크레이터가 만들어졌지요. 이 우발적 사건 때문에 1억 년 이상 지구를 지배하던 공룡은 멸종하게 됐고, 공룡보다 보잘것없던 포유류와 영장류의 시대가 활짝 열렸습니다.

그렇다면 우리는 소행성이나 혜성의 위협에 어떻게 대처해야 할까요? 〈아마겟돈〉이나 〈딥 임팩트〉 같은 영화처럼 핵폭탄으로 소행성을 날려 버리면 될까요? 소행성의 크기에 따라 다르겠지만, 크기가 매우 크다면 완전히 파괴하기는 어렵습니다. 결국 작은 조각으로 쪼개거나 궤도를 바꾸는 방법이 최선책이지요. 하지만 아직 이를 위한 구체적인 실험이 실행된 적은 없답니다. NASA는 현재 '소행성 궤도 변경 임무'를 진행하고 있지요. 소행성을 안전한 궤도로 옮기는 임무이지요. 2019년쯤 인류는 소행성에 로봇을 랑데부rendez-vous[11] 할 예정입니다. 이어 2020년 중반에는 우주 비행사가 직접 화성 탐사선인 오리온 우주선에 탑승해 소행성을 탐사할 예정이지요.

---

11 두 개의 우주선이나 인공위성이 우주 공간에서 만나는 일을 가리킵니다.

별이 될 뻔한 목성과 토성

목성과 토성은 암석으로 이루어진 고체 행성이 아니라 기체 행성이랍니다. 우리의 태양도 기체로 이루어져 있지요. 목성도 태양처럼 수소와 헬륨으로 이루어져 있습니다. 수소와 헬륨은 우주에서 가장 흔한 물질이랍니다. 목성의 하늘과 그 아래의 표면은 경계가 없답니다. 기체로 되어 있으니까 당연히 그렇겠지요. 물론 목성 전체가 기체는 아닙니다. 중심에는 핵이 있고, 핵은 고체로 되어 있답니다. 이 핵의 엄청난 힘으로 기체를 붙잡아 두고 있는 거지요.

목성은 주로 기체로 이루어져 있지만, 연기처럼 가벼운 건 절대 아닙니다. 목성은 태양계에서 가장 큰 행성으로, 지구가 100개는 들어갈 크기랍니다. 또한 거대한 덩치만큼 질량도 많이 나갑니다. 태양계의 모든 행성을 합친 것보다 2.5배나 무겁습니다. 목성은 조금만 더 컸더라면 행성이 아니라 항성이 될 수 있었지요. 만약 그랬더라면 태양계에는 태양이 한 개가 아니라 두 개가 됐을 겁니다. 우주에는 태양이 두 개인 '쌍성 행성계'[12]가 흔하답니다.

태양계 행성들은 세 종류로 구분됩니다. 지구처럼 암석으로 이루어진 행성, 목성처럼 기체로 된 행성, 천왕성처럼 얼음으로 구

12 두 개의 별이 쌍으로 있는 행성계.

성된 행성. 지구는 암석으로 이루어져 있습니다. 그래서 우리가 땅 위에 발을 딛고 살아갈 수 있습니다. 목성과 토성은 기체 행성입니다. 그런데 신기하게도 기체들은 우주로 날아가지 않습니다. 그 이유는 중력 때문이에요. 우주에 있는 모든 물체는 서로를 끌어당깁니다. 지구에 있는 공기가 우주로 흩어지지 않는 이유도 지구가 중력으로 공기를 잡아 두기 때문이지요. 물체가 아래로 떨어지는 것도 중력의 힘 때문입니다. 우리가 볼 때는 물체가 아래로 떨어지는 것 같지만 사실은 지구의 중심 부근으로 떨어지는 거랍니다. 기체 행성도 중심부에 있는 물질이 엄청난 힘으로 기체를 잡아당기고 있답니다.

아래로 떨어지는 물체로는 아직 중력을 확신할 수가 없나요? 물체가 아래로 떨어지는 게 너무나 자연스럽게 여겨져서 그럴지도 모릅니다.

이렇게 생각해 보세요. 북극과 남극에 남녀가 한 명씩 서 있습니다. 남자는 북극에, 여자는 남극에 있습니다. 자, 남극에 있는 여자는 왜 아래로 떨어지지 않을까요? 여자의 치마는 왜 확 뒤집어지지 않을까요? 만약 지구가 중력으로 여자를 잡아당기지 않는다면 여자는 우주로 튕겨 나갈 테지요. 우리는 물체가 아래로 떨어진다고 생각하지만, 실제로는 지구의 중심 쪽으로 떨어진다는 것을 알 수 있습니다. 여자의 치마는 지구의 중심 부근을 향해 늘어뜨려져 있지요.

우리나라 최초의 우주인 이소연 박사는 우주에서 키가 약 3㎝ 커졌다고 합니다. 물론 지구로 다시 돌아왔을 때는 원래 크기로 돌아왔지만요. 키가 커진 이유도 중력 때문이랍니다. 우주에서는 지구와 달리 중력이 없지요. 그래서 척추에 작용하는 압력이 낮아져 척추가 곧게 펴지면서 관절이 늘어나 키가 커진 것처럼 보였던 거지요. 물론 지구로 돌아오면 키는 다시 원래대로 돌아온답니다. 최근에는 이런 무중력 원리를 이용해 허리 디스크를 치료하는 방법도 나왔답니다. 일명 '무중력 감압치료'라는 이름의 이 디스크 치료법은 이소연 박사처럼 우주에서 키가 커지고 허리 통증이 사라진 것에서 아이디어를 얻어 만들어졌지요.

[지구의 중력이 작용하는 방향]

지구 중심으로 중력이 작용하기 때문에 지구 어느 곳에 있든, 생명체는 우주 공간으로 날아가지 않는다.

기체로 된 토성을 물에 빠뜨리면 어떻게 될까요? 물 위에 뜰까요, 가라앉을까요? 참고로, 물체의 밀도가 물보다 높으면 가라앉고 낮으면 뜬답니다. 밀도는 물질의 질량을 부피로 나눈 값입니다.

하나만 더 예를 들어 볼까요. 10원짜리 동전을 물에 던지면 무조건 가라앉아요. 그런데 엄청난 크기의 쇠붙이로 만들어진 군함은 가라앉지 않지요. 질량만 따지면 군함이 동전보다 헤아릴 수 없을 만큼 무거울 텐데 어떻게 물에 가라앉지 않고 떠 있을 수 있을까요? 바로 밀도 때문이랍니다. 군함은 질량이 큰 만큼 부피도 엄청나게 크지요. 군함 전체가 쇳덩어리로 이루어져 있으면 물에 뜰 수가 없어요. 단지 부피가 커서 뜨는 게 아니라 군함 안쪽이 텅

빈 공간으로 이루어져 있어서 뜨는 거랍니다. 그렇게 해서 군함의 질량을 부피로 나눈 값이 1 미만이면 물에 뜰 수 있는 거예요.

토성
밀도 0.71

물의 밀도는 $1g/cm^3$입니다. 반면에 토성의 밀도는 $0.71g/cm^3$랍니다. 만약 우주에 커다란 호수가 있다면 토성을 띄울 수도 있겠지요. 토성이 이렇게 밀도가 낮은 이유는 가벼운 기체인 수소와 헬륨으로 되어 있기 때문이에요. 헬륨은 풍선에 들어가는 기체랍니다. 가벼운 헬륨 풍선은 하늘 높이 둥둥 떠다니지요. 토성은 어마어마한 크기부피에 비해 상대적으로 질량이 가벼워서 밀도가 낮답니다. 기체 행성이라고 모두 물에 뜨는 건 아니에요. 태양이 그렇고 목성이 그렇지요. 이들은 물보다 밀도가 높아 물에 뜨지 않습니다.

[태양계 행성들의 밀도]

물	1
태양	1.4
수성	5.3
금성	5.2
지구	5.5*
화성	3.94
목성	1.32
토성	0.71
천왕성	1.63

물의 밀도와 비교한 태양과 행성의 밀도(단위:g/cm^3)

* 지구의 표면을 이루는 암석의 밀도는 2.0~3.1g/cm3인데, 지구의 무게와 부피로 밀도를 계산하면 5.5g/cm^3이라는 값이 나온다. 여기서 지구 내부에는 표면보다 아주 무거운 물질이 있다는 것을 추측할 수 있다.

가까이 하기엔 너무 먼 외계인

▶▶ 허블우주망원경이 촬영한 울트라 딥 필드 사진. 다양한 연령, 크기, 모양, 색을 보이는 은하들을 담았다. 사진에서 붉고 작은 100여 개의 은하들은 광학 망원경으로 촬영된 은하들 중 가장 멀리 떨어진 존재들로, 이들의 나이는 우주가 태어난 시각과 8억 년밖에 차이가 나지 않는다.

우주에 끝이 있을까?

이제 태양계를 벗어나 더 큰 우주로 가 보겠습니다. 우리가 지금까지 상상해 보지 못한 거대한 세계지요. 저는 어릴 적에 거대한 은하계의 그림을 보고 완전히 압도되고 말았답니다. 커다란 태양조차 작은 점으로밖에 보이지 않는 은하계의 모습은 가히 충격적이었지요. 그때로부터 수십 년이 지났지만, 지금도 우주의 크기를 생각하면 그때의 느낌이 어렴풋이 살아난답니다.

태양계는 우리 은하에 속해 있습니다. 우리 은하를 보통 은하수라고 부른답니다. 우리 은하에는 태양과 같은 별이 수없이 많습니다. 대략 1,000억 개에서 4,000억 개 정도로 알려져 있지요. 최소 1,000억 개라 해도 엄청난 수지요. 별들만 1,000억 개랍니다. 그 별들도 우리의 태양처럼 많은 행성을 거느리고 있을 겁니다. 따라서 천체는 수천억, 혹은 그 이상이 있을 테지요. 이처럼 우리 은하만 해도 어마어마하게 크답니다.

우주에는 우리 은하 말고 다른 은하들도 있답니다. 우리 은하의 이웃 은하가 바로 안드로메다은하입니다. 많이 들어 봤지요? 안드로메다는 만화영화 〈은하철도 999〉에도 나옵니다. 안드로메다은하에만 대략 1조 개의 별이 있습니다. 우리 은하와 안드로메다은하, 그리고 작은 은하들을 묶어 국부 은하군이라고 부릅니다. 여기에는 크고 작은 40개 이상의 은하가 모여 있습니다. 안드로메다은하는 국부 은하군에서 가장 큰 은하랍니다.

국부 은하군[13]은 다시 처녀자리 초은하단에 속합니다. 그러나 처녀자리 초은하단조차 우주의 아주 작은 부분일 뿐입니다. 우주에는 국부 은하군 말고도 수많은 은하가 있습니다. 대략 1,000억 개 정도라고 하지요. 그렇다면 우주에는 태양과 같은 별이 최소한 1,000억×1,000억 개 정도 있을 겁니다. 하나의 은하에 1,000억 개의 별이 있고, 그런 은하가 1,000억 개나 있으니까요. 어디까지나 최소한입니다. 우주에는 우리가 헤아리기 어려울 만큼 많은 별이 있답니다.

우리 은하는 우주에서 비교적 작은 편에 속합니다. 우주에는 1조 개의 별을 거느린 은하도 많답니다. 안드로메다은하만 해도 그렇습니다. 1,000억×1,000억이라는 숫자를 최소한이라고 말한 이유랍니다. 상상이 되나요? 거대한 우주에 펼쳐진 별들의 바다는 지구에 있는 모래알을 다 합쳐도 부족합니다. 그렇게 많은 태양이 우주를 채우고 있는 거지요. 그렇지만 우주에는 빈 공간이 더 많답니다. 여기까지가 관측 가능한 우주입니다.

우리가 볼 수 있는 시공간의 범위에는 한계가 있습니다. 그게 바로 우주의 지평선입니다. 그 지평선 너머에 펼쳐진 우주는 너무 멉니다. 그곳의 빛은 아직 우리에게 도달하지 못했어요. 그래서 관측할 수 없답니다.[14] 관측 가능한 영역 바깥에 무엇이 있는지는 아무도 모릅니다. 어쩌면 우리가 속한 우주와 같은 우주가 수

---

13 '군(群)'은 여럿이 모여 있는 무리를 뜻합니다.

14 우리가 어떤 대상을 본다는 것은 그 대상의 빛이 우리에게 도달했다는 의미입니다.

없이 많이 있을지도 모릅니다. 우주 위에 또 다른 우주, 바로 끝이 없는 세계입니다. 이를 '다중 우주론'이라고 부른답니다. 관측 가능한 우주가 실은 거대한 바다의 아주 작은 거품에 지나지 않는다는 생각입니다.

우리 태양계가 속한 은하와 태양계의 위치.

우리가 속한 은하가 축구장이라고 한다면, 우리가 속한 태양계는 모래알입니다. 태양계가 모래알이라면 지구는 뭘까요? 지구에 사는 우리는 또 뭘까요? 축구장 밖에는 또 다른 축구장이 1,000억 개가 넘습니다. 그리고 현재의 과학기술로 관찰할 수 없지만, 그 1,000억 개의 축구장조차 작은 거품에 지나지 않을지도 모릅니다. 저는 이 사실을 생각할 때마다 마음이 숙연해집니다. 이 거대한 우주에서 인간은 아주 작은 존재입니다. 너무너무 작아서 보이지도 않지요. 우주를 아주 커다란 현미경으로 확대하고, 또 확대하고, 또 확대해도 안 보인답니다.

예전에 천문학자들은 우리 은하가 우주 전부라고 생각했습니다. 우리 은하 바깥에 다른 은하가 있다는 생각을 못했지요. 20세기 초, 에드윈 허블Edwin Powell Hubble, 1889~1953이 안드로메다은하를 발견하면서 우주가 우리가 생각하던 것보다 훨씬 크다는 사실을 알게 됐답니다. 허블은 안드로메다가 93만 광년 떨어져 있다는 사실을 발견했답니다.[15] 이는 당시 알려졌던 우리 은하 크기보다 10배나 멀리 떨어져 있었던 거지요.

밤하늘의 빛나는 모든 별이 우리 은하 안에 있다고 생각했던 사람들에게 이 발견은 청천벽력과도 같았지요. 오랜 세월 동안 사람들은 우주를 눈으로 볼 수 있는 크기로만 생각해 왔습니다. 그러나 허블의 발견은 은하들 뒤에 무수한 은하가 끝도 없이 펼쳐져 있다는 사실을 보여 줬습니다. 우주가 거의 무한에 가깝다는 사실을 말입니다. 갑자기 우리 태양계는 거대한 우주의 작은 티끌에 불과한 것이 되어 버렸답니다. 허블 이후, 우주론은 무한히 큰 우주에서 시작하게 되었습니다. 허블의 업적은 여기서 끝나지 않습니다.

---

15 정확한 계산은 아니었습니다. 현재 알려진 거리는 250만 광년이지요.

허블은 스물네 개의 은하를 집요하게 추적한 끝에 멀리 있는 은하일수록 빠른 속도로 멀어져 간다는 사실을 알아냈습니다. 우주가 팽창하고 있음을 발견한 것이었지요. 우주 자체가 팽창한다는 허블의 발견은 인류의 지식도 팽창하게 했습니다. 그러나 허블은 이것이 우주의 기원과 연관된 심오한 문제라고 생각하지 못했답니다. 허블의 발견은 우주의 기원을 건드리는 것으로 우주팽창설의 기초가 되는 관측 자료였지만, 정작 허블 자신은 대폭발빅뱅로 이어지는 큰 이야기에는 참여하지 못했지요. 그것은 또 다른 천재들, 가령 우주배경복사를 이론적으로 예측한 조지 가모프George Anthony Gamow, 1904~1968나 실제로 발견한 아르노 펜지어스Arno Allan Penzias, 1933~ 와 로버트 윌슨Robert Woodrow Wilson, 1936~ 등의 몫이었지요.

우주배경복사는 빅뱅[16]의 잔해랍니다. 펜지어스와 윌슨은 벨 연구소의 대형 안테나의 소음을 없애기 위해 비둘기 똥을 청소하다가 우주배경복사의 전파를 잡아냈습니다. 아무리 안테나를 깨끗이 청소해도 끊임없이 들려오는 잡음을 없앨 수가 없었지요. 이 잡음은 특정한 방향에서만 관측된 게 아니었습니다. 하늘의 모든 방향에서 관측됐답니다.

이런 사실은 이 잡음이 어떤 한 천체에서 나오는 것이 아니라 우주의 모든 공간에 가득 차 있다는 것을 뜻하지요. 대폭발의 흔적인 빛복사이 여전히 남아서 전자기파 형태로 우주를 가득 채우고 있는 거지요. 이것이 '우주배경복사'랍니다. 우주배경복사는

---

16 빅뱅 우주론이라고 합니다. 우주가 까마득한 옛날에 거대한 폭발로 만들어졌다는 이론이지요.

우주가 대폭발로 탄생해서 계속 팽창하고 있다는 강력한 증거지요. 팽창 우주는 풍선과 같습니다. 풍선에 점을 여러 개 찍고, 바람을 불어 넣으면 점들 사이의 거리가 점점 멀어집니다. 그 점들이 바로 은하들이랍니다.

흥미롭게도 우리 은하계 바깥에 다른 은하가 있을지도 모른다고 처음 생각한 사람은 천문학자가 아니랍니다. 이 책의 맨 앞장을 장식한 철학자 임마누엘 칸트였답니다. 실제로 망원경을 이용해 밤하늘을 관측했던 칸트는 바다에 섬이 여기저기 있듯이 우주에도 여러 개의 은하가 흩어져 있을지 모른다고 생각했지요. 그래서 '섬 우주'라는 말을 만들어 내기도 했습니다.

칸트는 지금의 안드로메다자리에 보이는 빛의 무리가 수많은 별로 구성된 또 하나의 은하일 거라는 구체적인 제안을 했답니다. 물론 실제 관측에 근거한 주장은 아니었습니다. 당시에는 우리 은하 바깥에 다른 은하가 있다는 것은 상상하기 어려웠거든요. 그래서 우리 은하 내부의 성간운[17]이라는 주장이 널리 퍼져 있었답니다. 그런데 허블이 안드로메다은하를 비롯한 다른 은하를 발견함으로써 칸트의 섬 우주 이론이 확인된 것입니다.

더욱 놀라운 것은 생명체에 대한 칸트의 견해였지요. 칸트는 생명은 신의 창조 행위로 생겨난 것이 아니라 천체들이 진화한 결과로 생겨났다고 했습니다. 그래서 19세기의 진화론자들처럼 "생명체는 특정한 외적인 조건들과 연계되어 있다"고 주장했지

---

17 별들 사이에 놓인 먼지 구름.

요.[18] 더 나아가 외계 생명체가 존재할 수 있다고 믿었답니다.

우주에서 거리를 잴 땐, 광년

엄청나게 크고 넓은 우주에서 거리는 어떻게 나타낼까요? 우주는 매우 넓어서 우리가 일상생활에서 사용하는 m나 km 등의 단위로는 거리를 나타내기 어렵습니다. 나타낼 수는 있지만, 그 길이가 무척 길어진답니다. 그래서 빛을 이용해 거리를 나타내지요. 빛은 1초에 30만km를 갑니다. 1초에 지구를 7바퀴 반 정도 도는 속도랍니다. 이렇게 빠른 빛이 1년 동안 갈 수 있는 거리를 '1광년'이라고 합니다. 그러니까 1광년은 9,460,800,000,000km의 거리랍니다. 어때요? 무지 길지요?

어떤 별이 2,000광년 거리에 있다면 18,921,600,000,000,000km라고 나타내야겠지요. 이런 불편함 때문에 우주를 연구하는 과학자들은 광년이라는 단위를 이용한답니다. 1광년은 얼마나 멀까요? 비행기의 속도를 시속 900km라고 하면, 비행기로 1광년을 가려면 120만 년이 걸립니다. 광년이란 단위가 얼마나 큰지 짐작할 수 있겠죠? 그런데 우주에서는 몇십, 몇백 광년이 기본이랍니다.

이제 광년과 관련해서 신기한 사실을 하나 알려 드릴게요. 사실 우리 눈에 보이는 별빛은 별의 오래된 사진과 같답니다. 무슨

18 칸트가 진화론의 영향을 받은 건 아닙니다. 다윈의 《종의 기원》(1859)은 칸트가 죽고 50년 뒤에 출간됐지요.

말이냐고요? 만약 어떤 별이 지구에서 100광년 떨어져 있다면, 별빛은 100년 전 별의 모습입니다. 이건 또 무슨 뜻이냐고요? 100광년은 빛이 100년 걸려서 이동하는 거리잖아요. 그러니까 100년 전에 별을 떠난 별빛이 이제야 우리 눈에 도달한 거랍니다.

그렇다면 그 별의 50년 전의 모습은 우리가 볼 수 없을 겁니다. 아직 50광년밖에 오지 못했을 테니까요. 당연히 그 별의 현재 모습은 알 수 없습니다. 현재의 별빛은 이제 막 별에서 출발했을 테니까요. 지금부터 몇 년 뒤에 별의 크기가 커졌다거나 모양이 변한다 해도 우리는 알 수 없습니다. 형태가 달라진 별에서 나온 빛이 지구에 닿더라도 우리는 별의 과거 모습만을 볼 수 있을 뿐이니까요. 어쩌면 그 별은 지금 이 순간 그 자리에 없을 수도 있을 겁니다. 지금 그 자리에 없는데, 우리 눈에는 보인다? 우주가 엄청나게 넓기 때문에 벌어지는 신비로운 현상입니다.[19]

---

19 빛과 소리는 전혀 다릅니다. 소리는 매질, 즉 통과할 수 있는 물질을 필요로 합니다. 물이든 공기든 매질이 있어야 전달될 수 있습니다. 그러나 빛은 매질 없이도 전달되지요. 또한 속도도 굉장히 차이가 납니다. 빛은 소리보다 100만 배 정도 빠르답니다. 빛은 추진력을 얻는 데 시간이 필요하지 않습니다. 자동차는 시속 100㎞까지 속력을 내려면 10초 정도의 시간이 걸리지요. 그러나 빛은 처음부터 빛의 속도로 이동한답니다. 이렇게 빠른 빛이지만 우리 눈에 보이는 태양빛은 태양 중심에서 1,000만 년 전에 출발했답니다. 태양이 광속 8분 거리에 있는데, 무슨 소리냐고요? 태양 중심에서 나오는 광자, 즉 빛의 입자는 태양 내부의 엄청나게 많은 원자와 무수히 충돌을 일으키지요. 태양 내부에는 아주 많은 원자가 격렬하게 운동하고 있거든요. 그렇게 무수한 충돌을 거친 후에야 태양 중심에서 표면까지 도달할 수 있답니다. 그 시간이 무려 1,000만 년이랍니다. 태양 내부에서 벌어지는 원자들의 격렬한 운동이 조금은 상상이 되지요?

[광년에 따라 우리 눈에 비치는 별빛과의 시차 비교]

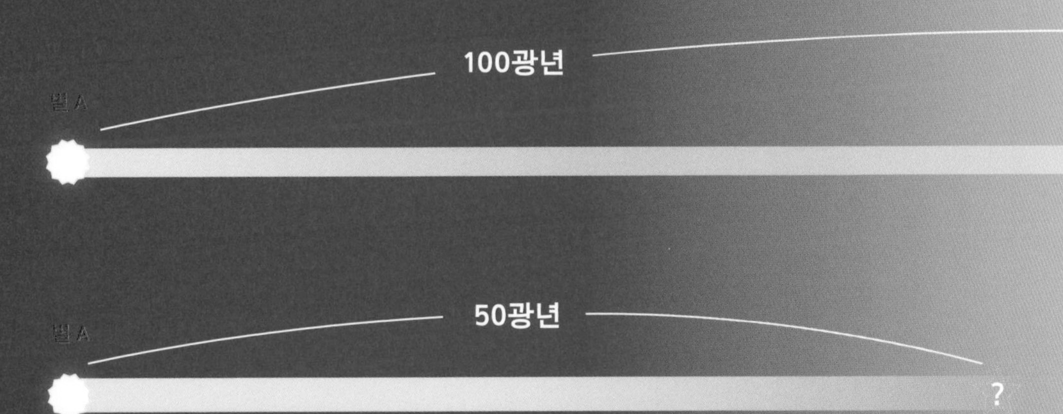

지구로부터 100광년 떨어진 거리에 별 A가 있다고 하자.
현재 우리 눈에 보이는 노란색의 별빛은 별 A에서 100년 전에 출발한 빛이다.
별 A에서 50년 전에 출발한 빛은 아직 우리 눈에 보이지 않는다. 이 빛은 50년을 더 기다려야 볼 수 있다.
그러므로 별 A의 현재 모습도 우리는 알 수 없다.

우리가 보는 태양도 마찬가지예요. 왜냐하면 태양은 지구에서 광속으로 8분 거리에 있기 때문입니다. 그러니까 태양에서 출발한 빛이 지구에 도달하는 데 8분이 걸리는 거지요. 우리가 보는 태양의 모습은 8분 전의 모습이랍니다.

자, 이제 광년에 대해서 배웠으니까 광년으로 우주의 크기를

재 볼까요? 태양계가 속한 우리 은하는
지름이 10만 광년입니다. 그러니까 빛이 우리 은하의 한쪽 끝에서 반대편 끝까지 가는 데 10만 년이 걸립니다. 우리 은하가 얼마나 큰지 짐작이 가나요? 비행기로 다시 계산해 보면, 비행기가 1광년을 가는 데 120만 년이 걸리니까 120만 년에 10만 년을 곱하면 1,200억 년이 나오겠네요. 우리 은하 끝에서 비행기를 타고 반

대쪽 은하 끝으로 가는 데만 1,200억 년이 걸린다는 겁니다.

우리 은하와 가장 가까이 있는 안드로메다은하까지는 얼마나 될까요? 250만 광년입니다. 가장 가까운 이웃인데도 빛의 속도로 250만 년이 걸린답니다. 우리 은하가 속한 국부 은하군의 지름은 1,000만 광년이나 됩니다. 그렇다면 우주 전체의 크기는 얼마나 될까요? 우주의 크기는 최소 132억 광년에 이릅니다. 다시 말해 관측 가능한 천체 중 가장 멀리 떨어진 천체에서 출발한 빛이 지구에 도달하기까지 132억 년이 걸린다는 의미입니다.

그런데 우주는 계속 팽창하고 있답니다. 지금 이 순간에도 늘어나고 있습니다. 우주는 고정된 공간이 아니라 계속 커지는 공간이지요. 그러니까 실제 크기는 132억 광년보다 더 클 겁니다. 우주는 이렇게 엄청나게 크답니다. 아니, 말로 표현할 수 없을 만큼 어마어마하게 거대하지요. 거대한 우주 바깥에는 과연 무엇이 있을까요? 아마도 그 해답은 이 책을 읽는 여러분이 먼 훗날 찾을 수 있을지도 모르겠습니다.

그렇다면 별까지의 거리는 어떻게 잴 수 있을까요? 달까지의 거리는 지표면에서 달을 향해 전파를 발사해서 전파가 돌아오는 데 걸리는 시간을 측정해서 구할 수 있지요. 그런데 이 방법을 별에는 쓸 수 없답니다. 광년이라는 어마어마한 단위를 배운 이 시점에서 별까지 직접 거리를 잴 수 없다는 사실을 절감할 거예요. 전파가 별까지 갔다가 돌아오는 데만도 수백 년에서 수천만 년이 걸리니까요.

별까지의 거리는 연주시차를 이용해 잴 수 있답니다. 이때 시차視差는 시간의 차이가 아니라 시각의 차이를 말합니다. 예를 들어 1월에 별을 측정하고 정확히 반년 후인 7월에 같은 별을 측정하지요. 이때 지구는 태양을 가운데 두고 정반대에 위치하게 됩니다. 여기서 연주시차는 관측하는 사람이 서로 다른 위치에서 별을 바라보았을 때 별과 이루는 각도 차이를 뜻합니다. 우리는

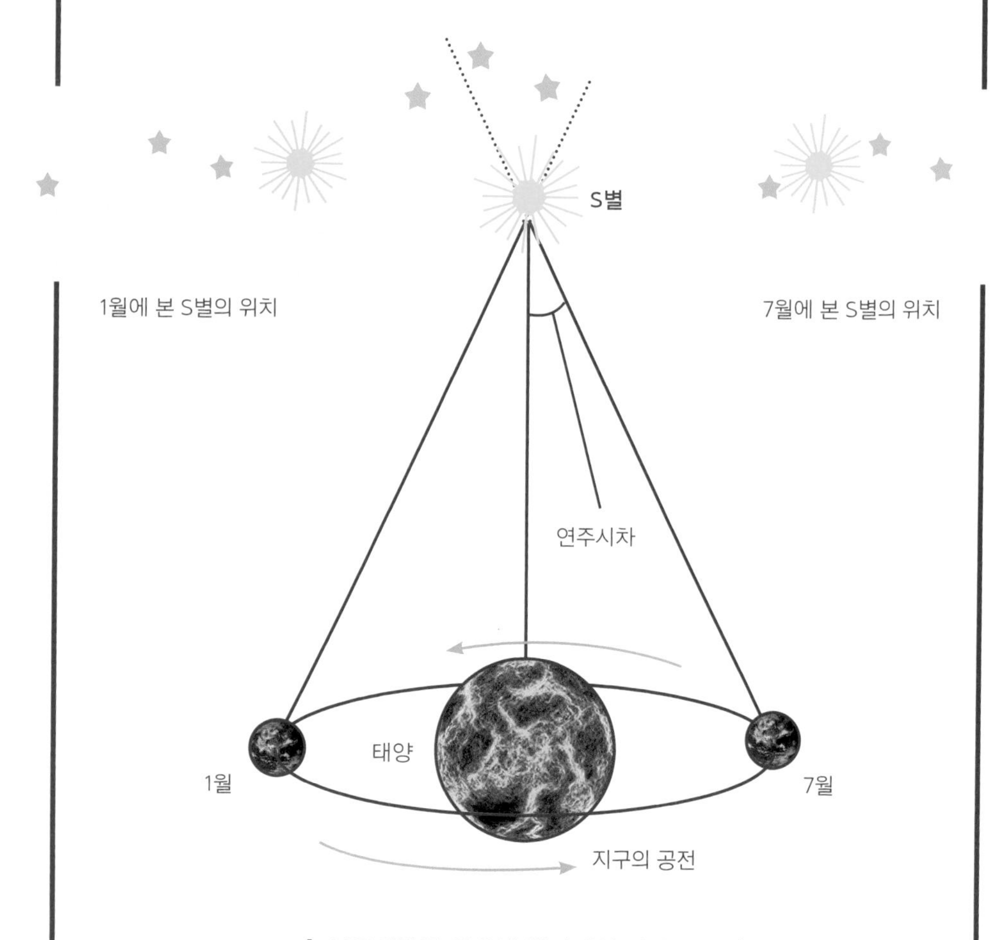

[연주시차를 이용해 별까지의 거리 재기]

지구와 태양 간의 거리를 1AU라고 알고 있습니다. 따라서 이 각도 차이와 1AU를 이용해, 그러니까 수학 시간에 배우는 삼각 함수를 이용해, 별까지의 거리를 계산할 수 있지요.

코페르니쿠스가 지동설을 발표하고 거의 300년 만에야 연주시차를 발견하게 됐답니다. 연주시차를 최초로 발견한 사람은 프리드리히 베셀Friedrich Wilhelm Bessel, 1784~1846입니다. 베셀은 시차를 측정하기 위해 정밀한 천문 각도 측정기기인 프라운호퍼의 태양의[20]를 사용했지요. 그는 백조자리 61을 측정 대상으로 삼고 1837년 최초로 측정했답니다. 그가 측정한 백조자리 61의 연주시차는 약 0.3136각초였습니다. 1각초가 서 $\frac{1}{3,600}°$에 해당하니까, 0.3136각초가 얼마나 작은 각도인지 짐작이 가지요? 이 각도로 거리를 계산하면 약 10.28광년이 나온답니다. 실제로는 10.9광년이니까, 약간 적게 계산했지만 당시로써는 탁월한 정확도라 할 수 있지요. 그 후로 이 별은 '베셀의 별'이라는 별명을 얻게 됐답니다.

10광년은 약 100조*km*로 무려 태양계의 만 5,000배에 달하는 거리입니다. 당시 사람들에게는 상상조차 하기 힘든 거리지요. 베셀의 이 측정은 우주가 인간의 상상을 뛰어넘는다는 것을 새삼 일깨워 주었답니다. 물론 이 어마어마한 거리조차 알고 보면 솜털 길이에 불과하다는 사실을 머지않아 알게 되지요.

---

20 천체의 지름이나 천체 사이의 각 거리를 측정하는 장치.

별은 무엇으로 만들어졌을까?

앞에서 우리는 태양을 이루는 구성 성분이 수소와 헬륨 등이라고 배웠습니다. 그런데 태양에 직접 가 본 적이 없으면서 그 성분을 어떻게 알 수 있을까요? 일찍이 프랑스의 철학자 콩트는 이렇게 말했답니다. "과학자들이 지금까지 밝혀진 모든 것을 가지고 풀려고 해도 결코 해명할 수 없는 수수께끼가 있다. 그것은 별이 무엇으로 이루어져 있는가 하는 문제이다. 별의 물질을 아는 것은 불가능하다."

그런데 콩트가 죽은 지 불과 2년 만인 1859년에 태양의 구성 성분이 밝혀졌답니다. 하이델베르크 대학의 물리학자 구스타브 키르히호프Gustav Robert Kirchhoff, 1824~1887가 태양광 스펙트럼 연구를 통해 태양이 나트륨, 마그네슘, 철, 칼슘, 동, 아연과 같은 평범한 원소들을 함유하고 있다는 사실을 밝혀내지요. 물론 이는 정확한 분석은 아니었습니다. 태양이 수소로 이루어져 있다는 사실은 그로부터 60년 후에나 밝혀지게 됩니다.

이처럼 우리는 지구에 앉아서도 태양은 물론 멀리 떨어진 별의 구성 성분을 알 수 있지요. 직접 그 천체의 일부를 채취해 와서 화학적으로 분석해 보지 않고도 말입니다. 어떻게 그런 마술 같은 일이 가능할까요? 비결은 바로 빛에 있었답니다.

키르히호프는 프라운호퍼 선을 이용해 별의 구성 성분을 분석했지요. 프라운호퍼 선은 요제프 프라운호퍼Joseph von Fraunhofer, 1787~1826가 발견한 독특한 스펙트럼입니다. 프라운호퍼는 망원경 앞에 프리즘을 달아 태양을 비롯해 달과 금성, 화성의 스펙트럼을 확인했답니다. 그런데 스펙트럼에서 똑같은 선들을 발견할 수 있었지요. 그러나 망원경을 별로 겨누었을 때는 상황이 달라졌습니다. 별마다 각기 특유의 스펙트럼을 보여 주는 것이었어요. 그는 세밀한 조사를 통해 모두 324개의 검은 선을 발견했는데, 이것이 바로 '프라운호퍼 선'이라 불리는 것이지요.

그러나 프라운호퍼는 그 선들이 무엇을 의미하는지는 끝내 알아내지 못했습니다. 이것이야말로 우주의 별들이 무엇으로 이루

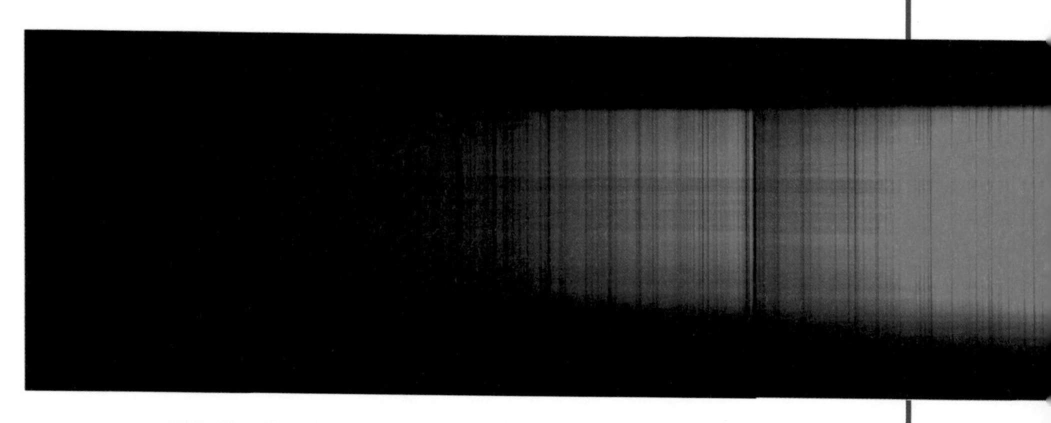

태양 빛 스펙트럼. 중간에 가느다란 검은 선이 바로 프라운호퍼 선이다.

어져 있는지 밝혀낼 열쇠였는데 말입니다. 어쨌든 그것의 의미는 정확히 몰랐지만, 프라운호퍼 선은 19세기 천문학 사상 최대의 발견이라 할 수 있습니다. 그 덕분에 우리는 멀리 떨어진 별들의 성분을 분석할 수 있게 됐지요. 이로써 프라운호퍼는 분광학[21]의

21 빛의 스펙트럼을 분석하여 물질의 성질을 연구하는 학문.

시조로 자리매김하게 된답니다. 이 선들의 의미는 그로부터 한 세대 뒤, 키르히호프에 의해 밝혀지게 됩니다.

키르히호프는 여러 가지 원소의 스펙트럼에 나타나는 프라운호퍼 선의 연구에 몰두했습니다. 그는 유황이나 마그네슘 등을 묻힌 막대를 불꽃 속에 넣어 생기는 빛을 프리즘에 통과시키는 방법으로 연구를 진행했지요. 이를 통해 키르히호프는 각각의 원소는 고유한 프라운호퍼 선을 갖는다는 사실을 발견했답니다. 그러니까 스펙트럼의 선들은 원소들의 지문과 같습니다. 각각의 원

별마다 프라운호퍼 선의 위치나 굵기 등이 다르기 때문에 별을 구성하는 성분을 분석할 수 있다.

소는 저마다 고유한 선을 보여 주지요.

이후 영국의 천문학자 윌리엄 허긴스William Huggins, 1824~1910가 별들의 스펙트럼을 분석해, 우리의 태양도 별의 일종이라는 사실을 밝혀냈습니다. 별들과 은하들은 고유한 스펙트럼 무늬를 보여 주지요. 허긴스는 스펙트럼 분석을 통해 몇 가지 중요한 사실을 발견했답니다.

1. 별은 태양과 같은 구조다.

2. 성운星雲은 고온의 가스 덩어리다.

3. 안드로메다은하는 별들의 집단이다.

지금이야 태양도 항성이고 별의 일종이라는 사실을 당연하게 받아들이지만, 당시만 해도 사람들은 태양과 별을 다르게 생각했답니다. 또한, 당시까지 안드로메다은하는 안드로메다 성운으로 불리며 별들 사이에 퍼진 먼지 구름 정도로 이해했지요.

별들의 스펙트럼 분석은 이후 애니 점프 캐넌Annie Jump Cannon, 1863~1941이나 세실리아 페인가포슈킨Cecilia Helena Payne-Gaposchkin, 1900~1979 등 여성 과학자들에 의해 더욱 발전합니다. 캐넌은 28만 6,000개의 항성 스펙트럼을 분석합니다. 그녀는 스펙트럼을 비교해 가며 유사한 별끼리 O, B, A, F, G, K, M 이렇게 7가지 범주로 정리했지요. 또 각 범주를 다시 10개의 단위로 구분했습니다. 가령 M1, M2 …… M10 이런 식으로 말이에요. 각 범주에 속한 별들을 미세한 스펙트럼선의 차이에 따라 다시 분류한 겁니다. 그렇게 20만 개가 넘는 별들의 목록을 만들었답니다. 이 작업에만 수십 년이 걸렸어요. 하지만 그녀는 이 목록에 숨어 있는 의미를 해독하진 못했습니다. 그 의미는 얼마 지나지 않아 페인가포슈킨에 의해 밝혀졌습니다.

페인가포슈킨은 캐넌이 정리한 항성 스펙트럼들을 자세히 조사했습니다. 그리고 태양 스펙트럼도 분석했지요. 이를 통해 페인은 O, B, A, F, G, K, M이 순서대로 가장 뜨거운 별에서 가장 차가운 별까지의 등급이라는 사실을 알아냈지요. 캐넌은 스펙트럼의 유사성을 바탕으로 유형화했을 뿐이지만, 페인가포슈킨의 분석과 정확히 맞아떨어졌답니다. 또한 페인가포슈킨은 태양이 철이 아니라 수소와 헬륨으로 이루어져 있다는 사실을 발견했습니다. 당시까지 과학계에서는 태양의 많은 부분이 철로 이루어져 있다는 게 정설이었지요. 그런데 그녀의 연구는 다른 결과를 보여 줬습니다.

처음 그녀의 연구 결과는 과학계에 받아들여지지 않았습니다. 당시 학계의 정설과 너무 달랐을뿐더러 여성 학자에 대한 편견도 작용했을 것으로 추측됩니다. 페인가포슈킨은 당시 미국 천문학회의 일인자이자 항성 스펙트럼 분야의 권위자인 헨리 노리스 러셀Henry Norris Russell, 1877~1957에게 자신이 분석한 내용을 보냈습니다. 그러나 러셀은 그녀의 논문에 근본적인 결함이 있다고 답장을 보냈지요. 그래서 그녀 역시 자신의 논문 한 귀퉁이에 "별에 있다고 추정한 수소와 헬륨의 비율은 불가능한 비율이므로 틀린 것이 거의 확실하다"는 문장을 덧붙였답니다.

하지만 정확히 4년 뒤, 러셀은 페인가포슈킨이 옳았음을 깨달았습니다. 그리고 그녀의 발견임을 인정했지요. 그러자 상황은 180도 바뀌었답니다. 오늘날 우리는 태양이 수소와 헬륨으로 이루어져 있다는 사실을 알고 있지요. 그 사실을 최초로 발견한 페인가포슈킨의 논문 〈항성 대기〉는 그 분야의 교과서가 됐답니다.

"주장을 관철하지 않은 것은 제 잘못입니다. 저는 제 주장이 옳다고 믿으면서도 권위에 굴복하고 말았습니다. 자신이 발견한 사실을 확신한다면 물러서지 마세요." 페인가포슈킨이 한 말입니다.

우리는 눈 깜빡할 사이에 살고 있다

앞에서 우리는 외계인이 존재할 가능성을 살펴보았습니다. 그래서 우리 은하에만 적어도 두 개의 문명권이 존재한다고 결론 내렸습니다. 설사 은하에 우리만 존재한다고 해도, 우주 전체에는 1,000억 개의 문명이 존재할 겁니다.

우리는 '외계인이 왜 짠~ 하고 지구에 나타나지 않을까?' 궁금해합니다. 왜 그들을 만날 수 없을까요? 우주의 크기와 시간을 생각하면, 지금 당장 만나야 된다는 생각이 오히려 이상할 수 있습니다. 어쩌면 만나지 못하는 게 너무나도 당연할지 모릅니다. 그게 무슨 뜻이냐고요?

태양계를 벗어나 우주 전체의 나이에 대해 생각해 볼까요? 우주의 나이는 무려 138억 살입니다. 어마어마한 숫자라 잘 상상이 안 되지요? 138억 년이라는 우주의 나이[22]를 1년짜리 달력으로 계산해 볼까요? 이 달력의 한 달은 실제로는 약 10억 년 정도가 되지요. 그리고 하루는 약 4,000만 년에 해당됩니다.

---

22 우주의 나이를 놓고 논쟁이 있었습니다. 예를 들어 현대 우주론을 주도하고 있는 미국에서조차 제라드 드 보클레르(Gérard Henri de Vaucouleurs, 1918~1995)를 중심으로 한 천문학자들은 100억 년을, 앨런 샌디지(Allan Rex Sandage, 1926~2010)를 중심으로 한 천문학자들은 200억 년을 주장했지요. 그러다 2010년 3월 미국과 독일의 과학자들이 허블우주망원경으로 수집한 자료와 우주배경복사탐사 위성(WMAP) 자료를 종합해 우주의 나이를 137억 5,000만 년으로 확인했답니다. 지금까지의 관측 자료로는 가장 정확한 결과지요.

우주 달력은 1월 1일 빅뱅이라는 대폭발과 함께 시작됩니다. 우리의 우주는 아주 작은 점에서 시작됐습니다. 그 점에서 대폭발이 일어나 우주의 팽창이 시작됐고, 거기에서 모든 물질과 에너지가 발생했습니다. 1월 10일경에는 뭉친 가스 덩어리들에서 최초의 별들이 탄생합니다. 우리 은하는 3월 15일쯤 만들어집니다. 그리고 우리의 태양은 8월 31일에 태어납니다. 태양계도 그때 함께 만들어집니다.

최초의 생명은 9월 21일에 생겨납니다. 그리고 오랜 시간 진화를 거듭합니다. 12월 17일 드디어 바다에서만 살던 생물이 육지에 발을 디딥니다. 고대 어류인 틱타알릭 로제는 육지로 올라온 초기 동물 중 하나입니다. 아마 지느러미를 뒷다리로 사용했을 거예요. 그 이유는 지느러미에 관절이 있기 때문입니다. 12월 마지막 주가 되어서야 공룡, 새, 곤충 등이 나타납니다. 12월 30일 거대한 소행성이 지구와 충돌합니다. 공룡을 비롯한 지구 생명의 대부분이 종말을 맞지요.

그렇다면 우리 인류는 언제 태어났을까요? 달력의 맨 뒷장을 넘겨 볼까요? 인류는 마지막 달, 마지막 주, 마지막 날이 되어야 만날 수 있답니다. 우주 달력 365일 가운데 364일 동안 인간은 우주에 존재하지 않았지요. 인류는 마지막 날 마지막 1시간 사이에 진화했습니다. 저녁 11시 이후에야 나타난 거지요. 12월 31일 저녁 11시 59분 46초. 기록으로 남겨진 인류의 역사는 마지막 14초 동안에 이루어집니다.

마지막 몇 초 동안 인류의 문명은 엄청난 속도로 발전하지요. 유클리드 기하학이 탄생했고, 인도에서는 0과 10진법이 발견됐

1월
2월
3월
4월
5월
6월
최초의 별들 탄생 (1월 10일)
우리 은하 탄생 (3월 15일)
태양계 탄생 (8월 31일)
[달력으로 본 우주의 역사]

7월
8월
9월
10월
11월
12월
육상 생물 등장 (12월 17일)
공룡, 새, 곤충 등장 (12월 22일~29일)
최초의 생명체 탄생
(9월 21일)
인류 역사 시작
(12월 31일 23시 59분 46초)
소행성 지구와 충돌 (12월 30일)

습니다. 그리고 드디어 마지막 1초 동안에 인류는 과학을 통해 우주의 비밀과 법칙을 밝혀냅니다. 처음으로 지구를 벗어나 다른 천체인 달에도 가 보고요. 우리는 지금 그 1초 안에 머물러 있습니다.

어때요? 1년 치 달력 가운데 고작 1초 안에 사는 우리가 그 1초 동안 외계인을 만날 수 있길 기대하는 건 좀 허무맹랑하지 않나요? 우주 전체의 역사로 보면 정말 눈 깜짝할 시간밖에 안 되잖아요. 다음 1초 동안에 외계인을 만나게 된다 해도 최소한 100년은 더 기다려야 한답니다.[23]

우주 전체로 보면 그 오랜 시간 동안 고작 이 짧은 순간에 외계인이 짠~ 하고 나타나길 바라는 것은 너무나 인간 중심적인 생각인지도 모르겠습니다. 지구는 어마어마하게 오래 살았고, 인류는 너무나도 어립니다.

외계인은 너무 멀리 있다

그럼에도 우리가 외계인을 만날 가능성을 여러 경우로 구분해서 생각해 볼 수 있습니다. 우주 어딘가에 외계 문명이 존재했다가

---

23 지금까지 계산한 내용은 세이건의 ≪에덴의 용≫에 나온 우주력을 참고했답니다. 우주력은 '우주 달력'이라는 뜻이랍니다. 같은 내용이 내셔널 지오그래픽에서 2014년에 제작한 다큐멘터리 〈코스모스〉 1회에도 나옵니다.

이미 사라졌을 수도 있고, 진화의 초기 단계에 있을 수도 있지요. 그래서 아직 우리처럼 문명사회를 건설하지 못했을지도 모르고요. 그렇지 않다면 문명사회를 건설하긴 했지만, 과학기술 수준이 우리보다 뒤처져 있을지도 모릅니다. 당연히 그 경우에도 우리를 방문할 수 없겠지요.

앞에서 계산했던 것처럼 우리보다 높은 수준의 과학기술을 가질 가능성도 충분히 있습니다. 하지만 아직 우리를 발견하지 못한 것이지요. 여러분 중에는 '지구에서 이렇게 시끄럽게 살아가는 인류가 왜 안 보이지? 엄청나게 많은 자동차가 지구를 뒤덮고 있고, 수많은 비행기가 하늘을 날아다니는데…….' 하고 생각하는 사람이 있을 거예요.

우리는 밤하늘에 보이는 별들에 대해서 다 알지 못합니다. 그냥 바라볼 뿐이지요. 게다가 우리 눈에 보이는 별들[24]은 실재하는 별들의 극히 일부에 지나지 않는답니다. 아무리 좋은 조건에서도 맨눈으로 볼 수 있는 별은 수천 개가 안 됩니다. 천체 망원경을 이용해도 보는 데는 한계가 있지요. 모든 별을 다 볼 수 있는 것도 아닐뿐더러, 별의 표면 등을 자세히 관찰할 수도 없답니다.

---

24 우리가 맨눈으로 볼 수 있는 별은 대략 6,000개 정도랍니다. 하지만 6,000개도 다 보이는 건 아니에요. 우선 지평선 아래에 3,000개가 숨어 있답니다. 그리고 지평선 근처의 별들은 지구의 대기 때문에 아주 흐릿하게 보입니다. 거의 안 보이는 거나 마찬가지랍니다. 결국 우리 눈에 보이는 별은 2,000개 정도에 불과합니다. 그러나 밤에도 환한 도시에서는 별을 보기 어렵습니다. 빛에 오염된 도시는 별빛을 잃었지요.

우리 은하에만 별이 1,000억 개 이상 있습니다. 외계인 입장에서도 모든 별에 다 관심을 두고 탐사할 수는 없을 거예요. 과학기술이 우리보다 훨씬 앞선 외계인이라도 해도, 이 별들을 모두 자세히 탐사하려면 엄청난 시간이 걸릴 수밖에 없습니다. 탐사가 아니라 그냥 별의 개수를 세는 데만도 어마어마한 시간이 걸린답니다.

1초에 하나씩 별을 세어 본다고 하지요. 그러면 당연히 1,000억 초가 걸릴 겁니다. 여기서 1초라는 시간이 너무 길다고 생각하는 사람도 있을 거예요. 자기는 더 빨리 셀 수 있다면서요. 과연 그럴까요? 1부터 1,000까지야 1초 안에 셀 수 있습니다. 그러나 숫자가 만이 넘어가면 1초에 세기 어렵습니다. 가령 237억 3,627만 1,874 같은 숫자는 1초 안에 세기 어렵지요. 그러니까 1초라는 시간은 상당히 많이 봐준 거랍니다.

이제 본격적으로 계산해 볼까요? 1,000억 개의 별을 1초에 센다고 하면 1,000억 초가 걸립니다. 숫자로 쓰면 100,000,000,000. 무척 기네요. 100,000,000,000초를 60으로 나누면 1,666,666,666분이 나옵니다. 이를 다시 60으로 나누면 27,777,777시간이 나오고, 이 시간을 24로 나누면 1,157,407일이 나오지요. 마지막으로 이 날짜를 365로 나누면 3,170이 나옵니다. 1,000억 초를 세려면 대략 3,200년이 걸리는 겁니다. 그러니까 우리가 우리 은하에 있는 별을 단순히 세기만 하는 데도 수천 년이 걸리는 거지요. 그런데 별의 숫자를 세는 것은 우리의 관심사가 아닙니다. 우리는 지금 별을 하나하나 자세히 관찰하고 조사하는 이야기를 하고 있었어요. 당연히 3,200년보다 훨씬 오랜 시간이 걸리겠지요.

더 큰 문제는 우리가 사는 지구는 별이 아니라는 겁니다. 항성이 아니라 행성이죠. 지구는 태양 빛의 고작 $\frac{1}{10억}$만을 반사할 뿐이에요. 그러니까 태양이 지구보다 10억 배나 더 밝은 거죠. 멀리서 보면 지구는 태양 빛에 가려서 보이지 않습니다. 외계인 입장에서는 그만큼 더 찾기가 어려운 거죠. 거기다 행성은 항성보다 그 수가 훨씬 많답니다. 우리 태양계만 해도 100개가 넘는 행성과 위성이 있지요. 그렇다면 우리 은하에만 최소 1,000억 개의 별이 있고, 그 별마다 100개가 넘는 행성과 위성이 있는 거예요. 외계인 입장에서 우리를 찾는 건 정말 하늘의 별 따기가 아닐까요?

인류가 외계 행성을 관측하기 시작한 지도 얼마 되지 않았습니다. 인류는 케플러 우주망원경을 우주에 쏘아 보낸 이후부터 본격적으로 외계 행성을 찾고 있어요. '행성 사냥꾼'이라고도 불리는 이 망원경은 2009년 발사되어 지구에서 6,500만*km* 떨어진 태양 궤도를 돌며 외계 행성을 찾아내고 있답니다. 케플러 우주망원경을 통해 외계 행성의 크기, 질량, 공전주기, 별과의 거리 등을 알 수 있습니다.

외계 행성은 직접 관측해서 찾을 수는 없습니다. 앞에서 설명한 것처럼 항성의 빛에 가려 관측이 안 되지요. 외계 행성은 항성 빛의 밝기 변화를 통해 찾을 수 있답니다. 가령 목성의 지름은 태양 지름의 $\frac{1}{10}$ 크기예요. 면적으로 보면 $\frac{1}{100}$인 셈이지요. 목성이 태양을 등지고 지나갈 때 태양의 빛을 측정하면 1% 정도의 태양 빛이 줄어드는 것을 알 수 있어요. 목성의 크기만큼 태양 빛이 가려지기 때문이에요. 마찬가지로 태양의 $\frac{1}{100}$ 크기인 지구가 태양을 등지고 지나가면 태양 빛의 0.01%를 가린답니다. 이렇게 항성 주위를 도는 행성에 따라 항성은 미세하지만 밝았다 흐렸다를 반복합니다. 따라서 항성의 밝기 변화를 통해 항성 주위를 공전하는 행성을 추적할 수 있는 겁니다. 2013년 봄에 케플러 우주망원경이 고장 났지만, NASA 연구진이 원격으로 수리해서 지금은 정상 가동 중입니다.

외계 행성을 잘 찾아내는 '행성 찾기의 달인' 케플러 우주망원경.

외계인이 지구를 방문하지 않는 다른 가능성도 있어요. 우리로부터 한 200광년쯤 떨어진 곳에 발전된 기술 문명을 이룩한 외계인이 있다고 합시다. 우리 은하의 지름이 10만 광년임을 생각하면 200광년은 상당히 가까운 거리에 있는 겁니다. 지구의 존재, 우리의 존재를 알지 못하는 그들의 입장에서는 주위에 있는 항성계 모두를 동등하게 보지 않을까요? 그들이 어느 별 하나를 특별히 선호해서 연구한다든가, 방문할 이유가 전혀 없지요. 지금 지구에 있는 우리가 하는 것처럼 그저 자신들 주위에 있는 항성계를 하나씩 조사하고 탐구하겠지요.

우리는 아직 태양계 바깥을 탐사할 여유까지는 없습니다. 우선 태양계 안부터 탐사해야 하니까요. 인간이 직접 발을 디딘 지구 밖 공간은 아직 달밖에 없습니다. 금성이나 화성처럼 지구에서 가장 가까이 있는 행성도 아직 인간의 발길이 닿지 못했지요. 이처럼 외계인이 우주 생명체를 찾아다닌다면 그들 주변의 항성과 행성을 우선 살펴볼 것입니다.

그다음에는 우주여행 기술을 개발해 주위에 있는 별들을 탐색할 겁니다. 반지름이 200광년인 구球 안에는 태양과 같은 별이 20만 개 정도 있습니다. 만약 어떤 외계인이 우리와 200광년 거리에 떨어져 있다면, 20만 개의 행성계를 다 확인해 본 뒤에야 우리 태양계를 발견할 수 있겠지요. 20만 개의 행성계를 다 확인하는 데도 엄청난 시간이 걸릴 겁니다.

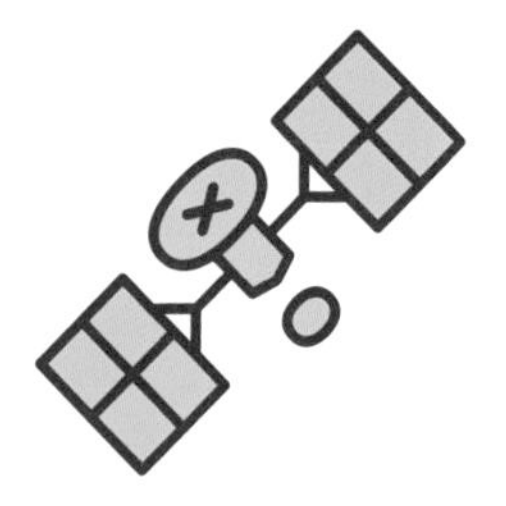

★★★★★★★★ 빅뱅 이론을 합작한 과학자들 ★★★★★★★★★

빅뱅 이론은 우주 탄생의 기원을 설명하는 이론입니다. 137억 년 전, 구슬처럼 작은 공간에서 대폭발이 일어나 우주가 탄생했다는 것이지요. 빅뱅 이론과 관련해서 세 명의 인물을 기억할 필요가 있습니다. 첫 번째 사람은 에드윈 허블입니다. 사람들은 빅뱅 이론이 발표되기 전까지 우주가 처음부터 무한한 공간으로 존재했고 팽창하지도 수축하지도 않는다고 생각했지요. 그런데 1929년에 허블이 이 생각을 뒤집는 현상을 발견했습니다. 허블은 멀리 떨어진 은하일수록 더 빠르게 멀어지고 있다는 사실을 알아냈지요. 허블은 이를 우주가 팽창하는 증거라고 보았습니다. 그러나 허블은 이것이 우주의 기원과 관련된다는 생각은 못했습니다.

만약 우주가 계속 팽창 중이라면, 필름을 되감듯 시곗바늘을 거꾸로 돌리면 언젠가는 한 점에 모이게 되겠지요. 조지 가모프가 생각한 방식입니다. 가모프는 대폭발과 함께 방출된 엄청난 열과 빛의 흔적인 우주배경복사가 우주에 남아 있을 거라고 예견했답니다. 초기 우주에는 매우 높은 온도와 밀도 때문에 빛과 물질이 한데 뒤섞여 있었지요. 그러다 빅뱅이 일어나면서 빛과 물질이 분리됩니다. 이때 물질을 빠져나온 최초의 빛이 우주배경복사입니다. 그러니까 우주배경복사는 우주 탄생의 역사가 새겨진 '우주의 화석'인 셈이지요. 이 우주배경복사를 발견한 이들이 바로 로버트 윌슨과 아르노 펜지어스입니다.

에드윈 허블과 휴 메이슨

허블은 참 독특한 이력을 자랑하지요. 그는 얼굴도 잘생겼고 운동도 잘했으며 공부도 잘했답니다. 한마디로 엄친아였어요. 고등학생 때 육상 대표 선수로 우승했고, 권투 실력도 수준급이었답니다. 처음에는 법대를 졸업하고 변호사로 잠시 활동했어요. 그러다 이내 천문학자로 인생의 진로를 바꿨지요. 뒤늦게 시작한 천문학 공부였지만, 그는 비상한 머리와 얼마간의 노력으로 3년 만에 천문학 박사 학위를 손에 쥐었답니다.

허블과 함께 은하 사진을 촬영하며 연구를 도운 조수 휴 메이슨 역시 독특한 이력을 자랑합니다. 그는 원래 천문대로 장비나 생필품을 운반하는 노새 몰이꾼이었어요. 중학교를 중퇴한 그는 우연히 관측 보조원 역할을 맡으면서 허블의 위대한 발견을 도왔답니다. 일개 노새 몰이꾼이던 남자가 훌륭한 업적을 남겨 천문학자로 인정받게 됐지요.

조지 가모프

가모프는 러시아 태생의 미국 물리학자랍니다. 소련에서 어렵게 탈출했고, 이후 미국에서 본격적으로 연구를 했지요. 가모프는 우주 공간을 가득 채우고 있는 우주배경복사를 이론적 계산을 통해 최초로 예견했지만, 당시 과학계에서 외면당했습니다. 사실 가모프는 엉뚱한 면이 있는 과학자였답니다. 1948년 원소의 기원을 빅뱅 우주론으로 설명하는 알파베타감마 이론을 내놓았습니다. 그런데 원래 연구는 가모프와 그의 제자 알퍼 두 사람이 진행했습니다. 가모프, 알퍼라는 이름이 감마, 알파와 비슷한 것에 착안해, 가모프는 베테를 공동 저자로 초빙합니다. 그 결과 '알파베타감마 이론'이 탄생했지요.
알파, 베타, 감마는 그리스 문자의 첫 세 글자랍니다. 알파벳의 A, B, C라고 생각하면 됩니다. 알파벳이라는 말 자체가 알파와 베타의 두 글자를 따서 붙인 거예요. 그러니까 알파벳의 첫 세 글자를 통해 우주 최초의 원소를 상징적으로 표현한 겁니다.

로버트 윌슨과 아르노 펜지어스

사실 윌슨과 펜지어스는 우주배경복사를 찾으려고 한 게 아니었습니다. 그들은 벨 연구소의 대형 통신 안테나를 활용할 방법을 찾고 있었어요. 그런데 끊임없이 들려오는 잡음 때문에 차질이 빚어졌습니다. 그들은 1년 동안이나 그 잡음의 원인을 찾으려고 애썼지요. 그러다 우연히 그것이 우주배경복사라는 사실을 알게 됐답니다. 두 사람은 우주배경복사를 찾은 공로로 1978년 노벨 물리학상을 받았답니다. 참고로, 우주배경복사를 예견한 가모프는 아무 상도 받지 못했지요. 사실 두 사람은 가모프의 논문도 읽어 보지 않았답니다.

★★ 우주와 떼려야 뗄 수 없는 달력, 어떻게 만들어졌을까? ★★

인류가 어떻게 달력을 만들었는지 살펴볼까요? 농사를 짓기 시작하면서 계절의 변화가 매우 중요해졌지요. 알맞은 때에 씨를 뿌려서 알맞은 때에 곡식이나 열매를 거두지 않으면 다시 농사지을 때까지 오랜 시간 굶주리며 살아야 했습니다. 그래서 사람들은 계절이 얼마 만에 되풀이되는지 알아야 했지요. 즉 1년의 길이와 주기를 알아야 했답니다.

이를 위해서 우리 조상들은 밤하늘을 관찰했습니다. 그러다 달이 찼다가 기울어지는 모습에 규칙이 있다는 점을 발견했지요. 29.5일을 주기로 달의 모양이 바뀐다는 사실을 알게 된 것입니다. 우리 조상들은 이 주기를 달(月)이라고 불렀습니다. 달의 주기를 바탕으로 생겨난 달력이 바로 태음력이지요.

1년의 주기를 가장 먼저 발견한 사람은 고대 이집트인입니다. 농사를 짓던 이집트인들은 나일강이 불어나는 주기를 기준으로 한 해를 정하고, 물이 불어나기 시작하는 날을 새해의 첫날로 삼았습니다. 그런데 물이 불어나는 날을 어떻게 정확히 알 수 있었을까요? 비결은 별에 있었지요.

이집트 룩소르 사원에 있는 나일강 범람의 신인 하피 조각. 나일강이 범람하면 각종 영양분이 땅에 쌓여 비옥해지기 때문에, 하피는 농작의 신으로도 여겨졌다.

물이 불어나는 날에 제일 밝게 빛나는 별인 시리우스가 이른 아침 동쪽 하늘에서 태양과 함께 떠올랐지요. 그 주기는 정확히 365일마다 반복됐답니다. 끈질긴 관찰과 정확한 날짜 계산이 없었다면 찾을 수 없었겠지요. 그들의 지혜와 정성이 놀라울 따름입니다. 그렇게 해서 이집트인들은 365일을 1년으로 하는 태양력을 만들었답니다.

천체에 대한 지식이 점점 늘어나면서 더욱 정확하게 시간을 잴 수 있게 되자, 사람들은 1년이 정확히 365일이 아니라 365일에 4분의 1일을 더한 시간이라는 것을 알게 됐답니다. 지구가 태양의 둘레를 한 바퀴 도는 데 정확히 365.25일이 걸린 거지요. 그래서 365일짜리 달력을 계속 쓰다 보면 지구의 공전주기와 맞지 않게 되어 버리는 때가 옵니다. 정확히 4년이 지나면 달력에 표기된 날짜가 실제 시간보다 하루가 빨라지지요. 0.25일이 4년 동안 반복되면 하루가 될 테니까요.

이 문제를 해결한 사람이 바로 로마의 율리우스 카이사르랍니다. 기원전 45년 율리우스는 천문학자들에게 명하여 4년마다 하루씩 더 들어가 있는 달력을 만들게 합니다. 이것이 바로 율리우스력이지요. 이렇게 더 들어간 날을 '윤일'이라고 부릅니다. 그리고 하루가 더 붙은 해를 '윤년'이라고 하지요. 우리가 4년에 한 번씩 2월 29일을 볼 수 있는 이유랍니다. 보통은 2월은 28일까지로 되어 있지요.

하지만 달력의 역사는 여기서 끝나지 않습니다. 율리우스력 역시 천 년 넘게 사용되면서 조금씩 오차가 생기기 시작했어요. 그 이유는 지구가 태양의 둘레를 한 바퀴 도는 데 걸리는 시간이 365.25일이 아니라 정확히 365.24일이기 때문이지요. 0.01일의 차이로는 수십 년 정도에는 별 오차가 안 생기지만, 천 년 가까이 되면 며칠 정도의 오차가 발생한답니다. 그래서 1582년 교황 그레고리우스 13세는 그 해의 10월 4일 다음을 15일로 정해 버립니다. 한해 가운데 무려 10일을 덜어내 버린 것이지요. 기원전 45년부터 1582년까지 거의 1500년 이상 사용된 율리우스력에서 10일의 오차가 발생했기 때문이랍니다. 교황 그레고리우스는 13세는 또한 400년에 3번 윤년이 되어야 할 해를 평년으로 하기로 정했지요. 더는 오차가 발생하지 않도록 하기 위해서였습니다. 이렇게 만들어진 달력이 그레고리력이랍니다. 오늘날 거의 전 세계적으로 사용되는 달력이에요.

5.

외계인과 통화 먼저

▶▶ 칠레 안데스 산맥에 있는 알마 전파망원경.

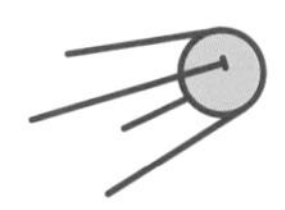

외계인에게 편지를 보내자

지구가 너무 작고 멀어서 외계인들이 발견하는 데 한계가 있다 해도, 우리가 그들에게 보낸 메시지는 받을 수 있지 않을까요? 당연히 그럴 수 있습니다. 인류가 본격적으로 우주탐사를 시작한 이래 우주에 보낸 메시지뿐만 아니라 지구의 수많은 전파가 우주로 퍼져 나가고 있답니다.

목성과 토성을 탐사할 목적으로 우주에 쏘아 올린 보이저호는 목성과 토성을 지나 초속 19㎞의 속도로 36년을 날아 드디어 태양계를 벗어났지요.

1977년에 항해를 시작한 보이저호는 1989년까지 계획된 탐사 임무를 모두 마치고도 20년 넘게 지구와 교신하며 우주를 계속 항해하고 있습니다. 발전기 원료인 플루토늄이 고갈되는 2025년까지는 우주여행을 계속할 수 있다고 합니다. 연료가 떨어지면 지구와의 교신은 더는 불가능하겠지만, 관성의 힘으로 계속 날아가게 됩니다. 정말 대단하지 않나요? 인간이 만든 작은 우주선이 영원히 우주를 여행한다니 말입니다.

보이저호는 골든 레코드를 싣고 있습니다. 레코드에는 외계인에게 보내는 인류의 메시지가 담겨 있답니다. 여기에는 "안녕하세요?"라는 한국말을 포함해 55개 언어로 녹음한 인사말과 베토벤, 모차르트 등 음악가들의 음악, 그리고 새소리와 돌고래 소리 같은 지구 자연의 소리가 담겨 있답니다. 한마디로 지구의 장엄한 심포니가 수록된 골든 레코드랍니다. 겉면에는 레코드를 재생하는 방법과 지구 위치에 관한 정보가 기록되어 있지요. 이 골든 레코드는 우주 공간에서 10억 년 동안 건재할 것으로 예상합니다.

보이저호에 실은 골든 레코드(왼쪽)와 겉면(오른쪽)

보이저호보다 먼저 태양계를 벗어날 뻔한 우주선이 있었답니다. 바로 1972년에 발사된 목성 탐사선 파이어니어 10호랍니다. NASA가 실시한 행성 탐사 계획의 하나로 발사된 파이어니어 10호는 1년 9개월을 날아서 1973년 12월, 목성에 접근해 사진을 전송했답니다. 그리고 목성의 강한 중력을 이용해 바깥쪽으로 튕겨 나가는 스윙바이 기법을 최초로 적용하여 비행경로를 바꾸면서 동시에 탐사선 속도를 2.5배 가속하는 데 성공했지요. 그리고 10년 동안 날아서 1983년 6월에는 명왕성 궤도를 통과했답니다. 그런데 이후 파이어니어 10호는 실종되고 말았지요.

오늘날 우리는 전 세계적 규모의 라디오·텔레비전 방송망, 레이더 전파 통신망, 위성 통신망 등을 통해 무수한 전파를 쏘아 보냅니다. 전파는 거의 빛의 속도로 우주를 날아가고 있답니다. 이 세상에 빛보다 빠른 건 아직 없어요. 앞에서 빛은 1초에 지구를 7바퀴 반이나 돈다고 했지요. 그러니까 엄청난 속도로 날아간다고 생각하면 됩니다. 문제는 빛의 속도가 느리게 느껴질 정도로 우주가 엄청나게 크다는 데 있지만요.

지구에서 송신되는 전파 가운데 가장 널리 퍼져 나가고, 외계인이 가장 쉽게 포착할 수 있는 것이 텔레비전 방송 신호랍니다. 그런데 외계인에게는 지구의 여러 방송국이 보내는 다양한 전파가 한데 섞여서 들릴 거예요. 그래서 처음에는 도저히 알아듣기 힘든 잡음 같을 겁니다. 하지만 복잡하게 뒤섞인 신호를 잘 쪼개고 다시 짜 맞춰서 의미 있는 정보를 알아낼 수 있겠지요.

지구에서 텔레비전 방송이 대규모로 시작된 때가 1940년대 후반이랍니다. 이때 처음 쏘아 올린 방송 전파는 지금도 우주를 날아가고 있을 거예요. 전파를 쏘아 올린 지 70년이 넘었으니 현재는 70광년의 거리에 있겠네요. 그리고 뒤에서 자세히 살펴보겠지만 1974년 일군의 과학자들이 전파를 이용해 외계 행성으로 메시지를 보내기도 했습니다. 그 전파는 현재 40광년쯤 이동했겠네요. 그런데 외계인은 왜 아직도 응답을 안 하는 걸까요?

우리 은하에는 우리의 태양계와 같은 수많은 행성계가 있답니다. 지구에서 가장 가까이 있는 다른 태양계의 행성은 항성 엡실런 이리더니를 공전하는 '엡실런 이리더니 b'로 알려졌습니다.[25]

---

25 우리 태양계가 아닌 외계 행성계의 행성을 가리킬 때는 그 행성계의 중심에 있는 항성의 이름을 이용합니다. 그 항성의 이름 뒤에 b,

이 행성은 지구로부터 10.5광년 떨어져 있지요. 전파가 지구에서 가장 가까이 있는 이 행성까지 가는 데도 10년이나 걸리지요. 더 멀리 있는 다른 행성들은 어떻겠어요? 수백, 수천 년이 걸리겠지요.

참고로, 가장 가까이 있는 항성은 프록시마 센타우리입니다. 이 별은 지구로부터 41조*km* 떨어져 있답니다. 광년으로 계산하면 4.22광년 떨어져 있지요. 이 거리는 지구와 태양 사이 거리의 20만 배 이상입니다. 프록시마 센타우리는 엡실런 이리더니 b보다 가까이 있지만, 항성이라서 생명체가 살 수 없답니다. 그렇다고 '엡실런 이리더니 b' 행성에 생명이 살고 있다[26]는 뜻은 아니에요.

케플러 우주망원경의 관측 결과를 분석한 미국 버클리대 연구진은 생명이 살 수 있는 행성이 최대 400억 개에 이를 수 있다는 연구 결과를 발표했습니다. 이전까지 과학자들은 생명체가 존재할 수 있는 행성을 대략 600개 정도로 추측했습니다. 물론 400억 개 모두에 생명체가 존재한다는 것은 아닙니다. 지구와 비슷한 환경을 가졌다고 해서 실제로 그 행성에 생명체가 존재하는 것은 아니니까요. 400억 개는 생명체가 살아갈 수 있는 최소한의 조건을 갖춘 행성의 개수일 뿐입니다. 어쨌든 그만큼 많은 행성이 생

c, d……를 붙여 행성들을 구분한답니다. 그러니까 '엡실런 이리더니 b'는 '엡실런 이리더니'라는 항성 주위를 도는 행성인 겁니다.

26 항성과 너무 가깝지도 멀지도 않은 적당한 거리를 유지해 생명이 살기에 적당한 온도와 환경을 갖춘 행성을 가리켜 '골디락스 행성'이라고 합니다. 골디락스 행성과 관련하여 자세한 설명은 140~141을 참고하세요.

명의 존재 가능성을 품고 있는 거겠지요.

지구에서 가장 가까이 있는 행성 가운데, 생명이 살 수 있을 만한 조건을 갖춘 행성은 '케플러 22 b'입니다. 2011년 12월에 발견된 이 행성은 지구보다 2.4배 큽니다. 표면 온도는 22℃로 지구와 거의 같지요. 따라서 자연환경이 지구와 매우 비슷할 것으로 예상하고 있습니다. 중심별 주위를 한 바퀴 도는 데 걸리는 공전주기는 290일입니다. 365일인 지구와 큰 차이가 없지요. 생명이 존재할 가능성이 매우 높다고 할 수 있습니다.

그렇다면 '케플러 22 b'는 지구에서 얼마나 떨어져 있을까요? 무려 600광년이 떨어져 있답니다. 그러니까 지구에서 쏘아 올린 전파들이 아무리 열심히 달려가도, 그 행성에 닿으려면 600년을 기다려야 합니다. 만약 그곳의 외계인이 있어 우리가 보낸 전파를 받고 나서 다시 보낸다 해도, 또 600년을 기다려야 하지요. 따라서 외계인이 우리 태양계 근처까지 직접 오지 않는 이상, 통신을 통해 그들과 만나려면 적어도 1,200년 이상은 기다려야겠지요.

케플러 22 b 말고도 글리제 832 c, 글리제 581 g, 캅테인 b 등 케플러 22 b보다 가까이 있는 여러 지구형 행성들이 발견되고 있지만, 최적의 골디락스 행성인지에 대해서는 좀 더 추가적인 연구가 필요하답니다.

외계의 신호를 찾아서

1974년에는 천문학자 세이건의 주도로 일군의 과학자들이 아레시보 전파망원경을 통해 외계인에게 메시지를 보내기도 했답니다. 별과 별 사이를 헤치고 우주로 보냈다고 해서 '아레시보 성간星間 메시지[27]'라고 불리는데요. 이 메시지는 M13 구상성단球狀星團을 향해 보내졌습니다. M13 구상성단으로 보낸 이유는 이곳에 오래된 별들이 많아서 진화된 생명이 있을 가능성이 높다고 판단했기 때문이지요. 이 메시지에는 1부터 10까지의 숫자, 생명에 필수적인 다섯 가지 원소인 수소, 탄소, 질소, 산소, 인의 정보, 지구 생명체의 DNA, 인간의 모습과 크기, 태양계에 대한 정보 등이 담겨 있답니다.

여기서 잠깐 구상성단에 대해서 알아보도록 하지요. 인터넷에서 구상성단을 검색하면 별들에 M15, M42, M45…… 이런 식으로 이름이 붙어 있을 거예요. 아까 아레시보 성간 메시지도 M13 구상성단에 보냈다고 했지요? 여기서 M은 무슨 의미일까요?

M은 성운을 가리키는 표현이랍니다. 성운은 밤하늘에서 빛을 내기는 하지만 보통의 별과 달리 구름같이 보이는 천체입니다. 최초로 성운을 체계적으로 조사한 사람은 프랑스의 천문학자 샤를 메시에Charles Messier, 1730~1817랍니다. M은 메시에의 이름에서 따온

---

27 인류가 최초로 성간 메시지를 전송한 것은 언제일까요? 바로 1946년이랍니다. 생각보다 빠르지요? 물론 이때는 외계인을 대상으로 메시지를 보냈던 건 아닙니다. 당시에 인류는 종소리를 담고 있는 전파빔을 달에 쏘아 그 반사파를 감지했습니다. 이는 우주 공간에 전파 반사 물체를 구축하기 위한 실험의 일환이었습니다. 이후 1964년에 최초의 정지위성인 SYNCOM 3호를 발사하여 도쿄 올림픽을 전 세계에 중계 방송했답니다.

것이죠. 1774년 메시에가 처음 발표한 목록에는 45개의 성운이 있었고, 이후 103개까지 추가했습니다. 이후 피에르 메생Pierre François André Méchain, 1744~1804 등이 일곱 개를 추가하여 최종적으로 110개의 성운으로 정리됐답니다. 이를 '메시에 목록'이라 부릅니다.

아레시보 성간 메시지를 보낸 M13 구상성단.

그렇다면 'M13 구상성단'에서 구상성단은 뭘까요? 성단은 수백 개에서 수십만 개로 이루어진 별들의 집단입니다. 구상성단은 구의 형태로 별들이 모여 있지요. 메시에 목록 110개 중에서 약 30개가 구상성단이랍니다.

M13 구상성단은 지구로부터 약 2만 1,000광년 이상 떨어져 있습니다. 1974년에 메시지를 보냈으니까 이제 40광년 거리에 도달했겠네요. 아직도 2만 960광년을 더 날아가야 우리가 보낸 신호가 도착할 겁니다. 만약 그곳에 외계인이 있어 우리 신호를 받고 답장을 보낸다 해도, 우리가 답장을 받으려면 또 다시 2만 1,000광년을 기다려야 합니다. 그러니까 신호를 보내고 답장을 받는데 장장 4만 년 이상이 걸린다는 얘기입니다. 그런데도 과학자들은 메시지를 보냈답니다.

자기가 살아 있는 동안에는 절대로 답장을 받을 수 없는 메시지를 보내는 과학자들의 마음은 어땠을까요? 여러분 같으면 여러분이 살아 있는 동안 답장을 받기 힘든 편지를 부칠 수 있나요? 그들은 먼 미래의 후손을 위해, 우주 어딘가에 존재할 누군가를 향해 메시지를 보낸 거랍니다. 만일 우주 어딘가에서 누군가가 우리의 메시지를 받는다면, 광활한 우주에 그들 혼자만 존재하는 게 아니라는 사실을 확인하게 되겠지요. 아마도 펄쩍펄쩍 뛰면서 좋아하지 않을까요?

5만 년 뒤에도 인류는 살아남을 수 있을까요? 과학기술이 발달한 지 고작 200~300년 정도밖에 안 됐는데, 자원 고갈과 환경 파괴가 이미 심각한 문제가 됐다는 점에서 그리 낙관적이지 않습니다. 이 책 앞부분에서 우리는 드레이크 방정식의 값을 함께 구하면서 인류가 지구에서 2만 년 정도 살아갈 것으로 예상해 봤습니다. 만약 지적인 외계인이 존재해 우리의 메시지에 답장해 준다면, 우리는 희망을 품을 수도 있습니다. 우리도 그들처럼 문명의 붕괴 위기를 극복하고 더 큰 진보를 이룰 수 있다는 희망 말입니다. 그런 의미에서 그 메시지는 어쩌면 우리가 우리에게 보내는 건지도 모르겠습니다. '당신들은 혼자가 아니랍니다.'

폴 데이비스는《우리뿐인가》라는 책에서 이렇게 말했습니다.

"세계는 우리의 이익을 위해 창조되지 않았다. 우리는 창조의 중심에 있지도 않다. 우리는 가장 중요한 존재도 아니다. 외계 생명체의 존재는 호모 사피엔스를 거대한 우주의 열등한 피조물 중 하나로 만드는 게 아니라, 인간이 거대하고 장엄한 우주의 일부일 뿐이라는 점을 겸허히 수용하게 만드는 계기가 될 것이다."

우주의 빛은 광학 망원경으로

외계인이 지구를 찾기 어렵다면 우리가 적극적으로 외계인을 찾아 나설 수도 있을 겁니다. 혹시 '세티SETI'라고 들어 봤나요? 세티는 '지구 밖 지능 탐사'를 뜻하는 영문 'Search for Extra-Terrestrial Intelligence'의 줄임말입니다. 쉽게 말해 우주에 존재하는 외계인을 찾는 프로젝트랍니다. 드레이크 방정식을 만든 프랭크 드레이크가 1960년 두 개의 별[28] 주변에서 오는 신호를 찾으려고 시도한 것이 세티의 공식적인 시작입니다. 세티의 아이디어는 바로 한 해 전인 1959년 〈네이처〉에 실린 물리학자 주세페 코코니Giuseppe Cocconi, 1914~2008와 필립 모리슨Philip Morrison, 1915~2005에 의해서 제시됐답

28 입실론 에리다니, 타우 세티.

니다. 그들은 전파 신호를 이용해 외계의 지적 생명체를 찾을 수 있다고 주장했지요.

외계인을 찾으려면 우주로 우주선을 보내든지 지구에서 열심히 찾아봐야겠지요. 지구에서 천체를 관측할 때 필요한 게 바로 망원경입니다. 물론 외계 문명을 찾을 때도 필요하지요. 가장 일반적인 망원경은 광학 망원경입니다. 투명한 렌즈가 달렸지요. 빛은 파장에 따라 감마선, 엑스선, 자외선, 가시광선, 적외선, 전파 등으로 나뉩니다. 우리가 눈으로 보는 부분은 가시광선이지요. 광학 망원경은 바로 가시광선을 통해 천체를 관측한답니다.

광학 망원경에는 굴절망원경과 반사망원경이 있습니다. 쉽게 설명하면 굴절망원경은 볼록렌즈를 이용하여 빛을 굴절시켜 모으는 망원경이고, 반사망원경은 오목렌즈반사경에 반사된 빛을 모으는 망원경입니다. 최초의 굴절망원경은 1608년 네덜란드의 한스 리퍼세이Hans Lippershey, 1570~1619에 의해 발명됐습니다. 안경 제조자였던 그는 볼록렌즈와 오목렌즈를 겹쳐 사물을 보다가 멀리 있는 교회 첨탑이 가까이 보이는 것을 발견하고는 망원경을 만들었습니다.

이 소식을 접한 이탈리아의 천문학자 갈릴레이는 1609년 이 원리를 이용해 망원경을 제작하고 천체를 관측했습니다. 다만 갈릴레이 망원경은 시야가 좁다는 한계를 가지고 있었습니다. 1611년 케플러는 볼록렌즈와 오목렌즈를 각각 하나씩 이용한 갈릴레이와 다르게 두 개의 볼록렌즈를 사용함으로써 시야를 더 넓게 볼 수 있는 망원경을 만들기에 이르렀습니다.

렌즈를 사용하는 굴절망원경의 단점은 큰 렌즈를 만들 때 렌즈

안에 기포가 발생할 수 있고, 경우에 따라 상이 일그러진다는 것입니다. 이를 해결하기 위해 뉴턴은 렌즈 대신 동판을 반사경으로 이용했습니다. 반사망원경이 탄생한 순간이지요. 반사망원경의 발명은 대형 망원경을 만드는 데 기초가 되었습니다. 오늘날 지름 10m의 광학 망원경[29]이 탄생할 수 있었던 바탕입니다.

세계적으로 널리 알려진 광학 망원경으로는 허블우주망원경이 있습니다. 허블우주망원경은 1990년 디스커버리호에 실려 우주로 보내졌습니다. 20세기 초, 우주 팽창의 실마리를 발견한 허블의 이름을 땄습니다. 허블우주망원경은 지구 상공 610㎞에서 지구를 95분 만에 한 바퀴씩 돌면서 천체를 관측하고 있습니다. 궤도에 오른 지 올해로 24주년이 됐지만, 여전히 우주탐사에 앞장서 새로운 발견을 하고 있지요.

허블우주망원경은 지름이 2.5m에 불과합니다. 전체 길이는 13.3m로 크기는 버스만 하지요. 지상에는 이보다 더 큰 망원경도 많습니다. 그러나 대기권의 영향을 받지 않는 허블우주망원경은 지상에 있는 망원경보다 훨씬 성능이 뛰어나답니다. 허블우주망원경의 시력은 육안의 약 100억 배로 만 1,600㎞ 떨어진 곳에서 반짝이는 반딧불이를 볼 수 있을 정도라고 합니다. 허블우주망원경은 지구에서 약 132억 광년 떨어진 가장 먼 우주의 모습을 촬영하기도 했습니다.

우리가 본 많은 우주 사진은 허블우주망원경이 찍은 거랍니다.

---

29 하와이에 있는 케크.

허블우주망원경은 지금까지 무려 75만 장이 넘는 우주 사진을 찍는 등 엄청난 관측 성과를 냈답니다. 그러나 허블우주망원경은 조만간 수명을 다할 것으로 보입니다. 거의 25년 동안 수리도 받으며 제 역할을 다해 왔지만, 2018년에 우주로 발사될 제임스웹 우주망원경이 그 역할을 대신할 것이라고 합니다.

25년 동안 인류에게 장엄한 우주 사진을 제공한 허블우주망원경.

제임스웹 우주망원경은 지름이 무려 6m로 허블우주망원경보다 두 배 이상 큽니다. 게다가 지구에서 150만km 떨어진 라그랑주 점에 쏘아 올려집니다. 라그랑주 점은 지구와 태양의 인력이 상쇄되는 곳이에요. 두 천체 사이의 인력이 제로가 되어 역학적으로 매우 안정된 지점이지요. 허블우주망원경은 지상 610㎞에서 돌며 우주를 관측했지요. 지상 150만㎞는 지구와 달의 거리의 네 배에 해당된답니다.

특히 허블우주망원경이 사용한 가시광선이 아니라 더 멀리 볼 수 있는 적외선으로 우주를 관측한답니다. 태양과 같은 별은 주로 가시광선을 내뿜지만, 지구나 목성 같은 행성은 적외선을 많이 내놓습니다. 따라서 제임스웹 우주망원경을 이용하면 외계 행성을 찾는 일에 더 유리하지요. 외계 행성들을 둘러싼 기체에서 수분이나 이산화탄소 등 생명체가 뿜어내는 화학 성분을 식별함으로써 생명체의 존재 여부를 알 수 있도록 설계됐답니다. 지금까지는 주로 별에 미치는 밝기 변화 등을 통해 간접적으로 외계 행성의 존재를 확인했을 뿐이지요.

지금 전 세계는 더 큰 망원경을 만들기 위해 경쟁을 벌이고 있답니다. 2020년 완성을 목표로 한 거대 마젤란 망원경도 그중 하나지요. 지름이 8.4*m*의 반사경 일곱 장을 붙여서 만든 지름 25*m* 크기의 망원경입니다. 지금까지 그 어떤 광학 망원경보다 크지요. 거대 마젤란 망원경은 허블우주망원경보다 열 배 이상 높은 해상도를 자랑합니다. 이 망원경의 성능은 지구에서 달에 켜진 촛불을 알아볼 수 있을 정도라고 합니다.[30] 우리나라도 이 망원경 개발 프로젝트에 참여하고 있습니다. 우리나라는 전체 개발비의 10%를 부담하기 때문에 망원경이 완성되면 1년 중 30일간 관측

---

30 지구에서 달까지의 거리는 38만 3,000㎞입니다.

기회를 얻게 됩니다.

미국과 캐나다, 중국, 인도, 일본 다섯 개 나라가 함께 만드는 망원경TMT은 지름이 30m에 달합니다. 유럽 초대형망원경E-ELT은 40m에 달하는 어마어마한 크기로 2014년에 건설을 시작했습니다. 현존하는 최대 망원경보다 무려 네 배나 큰 크기랍니다. 이런 초대형 망원경들이 완성되면 인류는 우주에 한 발짝 더 다가설 수 있겠지요.

보이지 않는 건 전파망원경으로

천체를 관측하는 데는 광학 망원경 말고도 엑스선망원경, 적외선망원경, 전파망원경이 있습니다. 이런 망원경은 왜 필요할까요? 우리 눈에 보이는 가시광선[31]은 천체가 내뿜는 전자기파의 폭넓

---

31 흔히 '빛'이라 부르지요. 우리는 색깔을 물체가 지닌 고유한 성질이라고 생각합니다. 그러나 색깔은 물체의 고유한 성질이 아닙니다. 그것은 빛의 일부일 뿐이랍니다. 햇빛을 프리즘에 통과시켜 보면 무지개 색깔이 펼쳐지지요. 여기에서 우리는 햇빛 속에 모든 색깔이 들어 있음을 확인할 수 있습니다. 빛에는 파장이 다른 여러 파동이 섞여 있습니다. 그런데 공기를 통과할 때는 모두 같은 속도로 움직이지요. 그러다 빛이 프리즘의 비스듬한 유리면에 닿으면 속도를 늦추고 방향을 바꾸게 됩니다. 이때 파동들이 각자의 파장에 따라 분리되어 보이지요. 각각의 물체는 그 파동들 가운데 대부분을 흡수하고 나머지를 반사합니다. 우리 눈에 보이는 물체의 색깔은 바로 반사된 파동이랍니다. 그러니까 색깔은 물체가 지닌 고유한 성질이 아니라 반사된 빛인 거예요.

은 스펙트럼 중 극히 일부에 지나지 않기 때문입니다. 가시광은 빨강, 주황, 노랑, 초록, 파랑, 남색, 보라의 스펙트럼을 보여 주지요. 여기서 빨강은 파장이 가장 긴 빛이고 보라는 파장이 가장 짧은 빛이랍니다. 가시광선 밖으로 시야를 넓히면 빨강보다 파장이 더 긴 적외선, 마이크로파, 라디오파전파가 있습니다. 반대로 보라보다 파장이 더 짧은 자외선과 X선, 감마선 등이 있지요. 파장이 짧은 것부터 긴 순서로 나열하자면, 감마선-X선-자외선-가시광

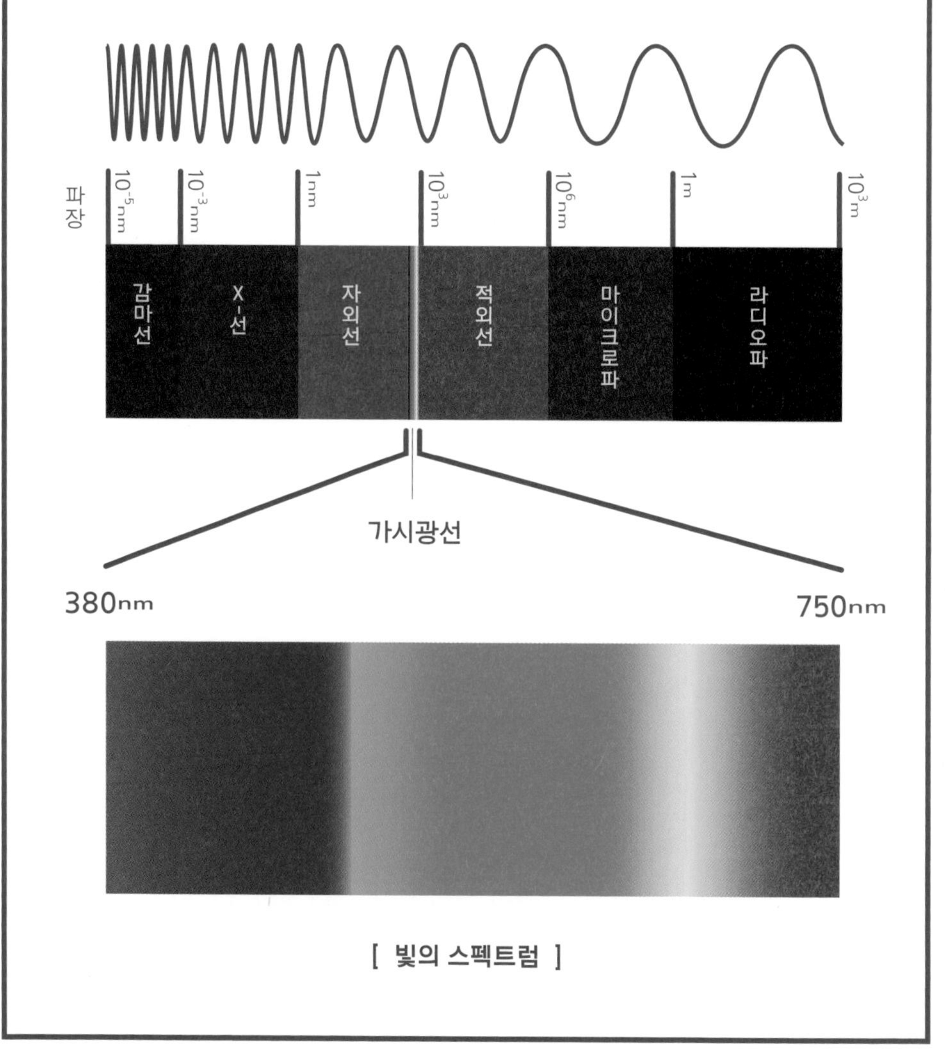

[빛의 스펙트럼]

선-적외선-마이크로파-라디오파가 되지요.

그러나 우리 눈에는 파장이 너무 길거나 짧은 것들은 보이지 않는답니다. 중간에 있는 가시광선만 보일 뿐이지요. 가령 어떤 천체들은 폭발하면서 감마선을 방출하지만 우리 눈에는 보이지 않습니다. 또 자외선은 대부분 대기에 흡수되기 때문에 지상에는 일부만 도달하지요. 따라서 가시광선만 관측할 수 있는 광학 망원경으로는 우주의 모습을 띄엄띄엄 볼 수밖에 없습니다. 이것이 다른 망원경들이 필요한 이유랍니다. 예를 들어 감마선 망원경으로는 천체의 폭발을, 엑스선망원경으로는 주변의 모든 것을 집어삼키는 블랙홀을 볼 수 있지요.

전파망원경은 천체로부터 퍼져 나오는 전파를 수집하는 망원경이에요. 중성 수소에서 나오는 21㎝파와 일산화탄소에서 나오는 2.6㎜파를 주로 관측한답니다. 생긴 게 마치 커다란 안테나 같지요? 전파망원경은 빛을 내지 않는 천체나 우주 생성 초기의 가스 등을 관측할 수 있지요. 전파망원경을 이용한 전파천문학의 발전으로 우리는 우리 은하계의 구조와 역사에 대해 많은 것을 알게 됐답니다.

사진에서 보이는 망원경은 칠레에 있는 알마 전파망원경입니다. 2013년부터 가동되기 시작한 알마는 예순여섯 대의 망원경이 힘을 합쳐 마치 거대한 하나의 망원경처럼 우주를 관측한답니다. 미국과 유럽 등이 공동으로 투자했는데, 건설비만 1조 6,000억 원이 넘게 들었고, 건설하는 데만도 10년이 넘게 걸렸답니다. 정말 어마어마하죠? 7~13m의 정밀 안테나 예순여섯 대가 전파를 관측, 분석한답니다. 2011년 열여섯 개의 안테나로 시작해 3년이 지난 지금은 안테나 수가 네 배가량 늘었고 마지막 안테나가 최근에야 설치되면서 우주 관측을 위한 준비를 마쳤답니다. 알마 전파망원경은 허블우주망원경보다 해상도가 열 배 이상 높지요. 물론 허블우주망원경과는 용도가 다르죠. 허블우주망원경은 별과 은하의 빛을 관측하는 광학 망원경이니까요. 그래서 본격적인 관측이 시작되면 놀라운 결과물을 낼 것으로 예상한답니다.

세계에서 가장 큰 전파망원경은 미국령 푸에르토리코에 있습니다. 1963년에 건설된 아레시보 전파망원경은 지름이 무려 305*m*에 달합니다. 축구장 30개 정도가 들어갈 수 있는 크기랍니다. 일반적으로 광학 천문대는 빛과 대기 간섭을 피하기 위해 산 정상 부근에 위치하지만, 전파 천문대는 전자기파 차단을 위해 계곡 깊숙한 곳에 자리하는 경우가 많답니다. 아레시보 전파망원경 역시 자연 그대로의 골짜기를 활용했어요. 금속 그물로 골짜기를 둥글게 덮어서 만들었답니다.

아레시보 전파망원경은 천체 관측뿐만 아니라 외계 생명체가 보낼지 모를 인공 전파를 포착하는 데에도 활용됩니다. 아레시보 전파망원경은 조디 포스터가 주연을 맡았던 영화 〈콘택트〉에 등장했답니다. 영화 속에서도 외계 생명체의 신호를 수신하는 장면에서 나오지요. 하지만 아레시보 전파망원경은 외계 생명체의 전파 탐지에 많이 사용되지 못한답니다. 한정된 망원경의 자원을 외계 생명체의 전파 탐지에만 사용할 수 없으니까요. 이런 문제 때문에 외계 생명체의 전파 탐지를 주목적으로 건설된 망원경이 있습니다. 바로 앨런 배열망원경이지요.

앨런 배열망원경은 세티와 버클리 대학의 공동 프로젝트로 캘

다양한 전파망원경들.

위부터 알마 전파망원경, 앨런 배열망원경, 아레시보 전파망원경.

리포니아 북쪽의 해트크리크에 세워졌습니다. 이 망원경들은 부분적으로 외계 생명체가 보낸 신호들을 찾기 위해 건설됐지요. 마이크로소프트의 공동 창업자인 폴 앨런의 지원으로 조성됐답니다. 그래서 기부자의 이름을 따서 '앨런 배열망원경'이라고 불린답니다.[32]

현재는 마흔두 개의 전파망원경으로 이루어져 있습니다. 크기는 다소 작아 지름이 6*m* 정도랍니다. 앨런 배열망원경이 주목받는 이유는 어마어마한 규모에 있답니다. 2025년경에 완성되면 무려 350개의 전파망원경이 동시에 외계 신호를 찾게 되지요. 그러면 지름이 1*km*에 이르는 하나의 안테나와 같은 효과를 낼 수 있답니다. 어마어마한 규모가 되겠지요? 세티 과학자들은 앞으로 20~30년 내에 외계 생명체가 보내는 신호를 찾을 수 있을 것으로 믿습니다.

우리나라에도 2009년에 서울과 울산, 제주에 지름 21*m*의 전파망원경 세 대가 설치되어 가동되고 있답니다. 아직은 초보적인 수준이지요. 우리나라도 전파망원경이 많이 생겨서 우주 연구에 더욱 박차를 가할 수 있었으면 좋겠네요.

인류는 1960년대부터 외계 전파 신호에 귀를 기울여 왔습니다. 그러나 아직까지 아무것도 듣지 못했지요. 그렇다고 외계인이 존재하지 않는다고 속단하기는 이릅니다. 왜냐하면 우리가 탐색한

---

32 폴 앨런은 이 망원경들의 설치에 2,500만 달러(우리 돈으로 약 280억 원)를 기부했지요.

영역은 광활한 우주에서 아주 작은 일부분에 지나지 않기 때문이지요. 우리가 엉뚱한 쪽을 주시하다 외계의 신호를 놓쳤을 수도 있고, 외계 문명들이 우리가 아직 상상조차 할 수 없는 통신 방법으로 신호를 보내고 있을지도 모르기 때문입니다.

외계인과 통신하기란 매우 어렵습니다. 앞에서 설명한 것처럼 우주는 매우 크고 넓기 때문입니다. 또한 아주 많은 별과 그 별들에 딸린 더 많은 행성 때문에 그렇습니다. 나날이 발전하고는 있지만, 우리가 가진 기술과 장비는 거대한 우주와 수많은 별에 비하면 너무 보잘것없지요.

좀 심하게 비유하자면 우리는 싸구려 망원경을 들여다보면서 와이키키 해변에 있는 특별한 모래알 하나를 찾고 있는 겁니다. 그 모래알이 바로 외계인이 사는 행성이지요. 와이키키 해변을 찾기도 쉽지 않지만, 설사 와이키키 해변을 찾았다 해도 해변에 펼쳐진 모래더미 속에서 한 알의 모래알을 찾기란 정말 어려운 일입니다. 세티에 참여한 과학자들이 하는 일이 바로 그런 일이랍니다. 과학의 발전은 모두 그런 도전과 노력, 치열함의 산물일 겁니다.

여러분도 외계 신호를 찾는 일에 참여할 수 있습니다. 먼 나중의 일이 아니라 지금 당장 말입니다. 1999년에 버클리·캘리포니아대학의 천문학자들이 시작한 SETI@home이라는 프로젝트가 있습니다. 원하는 사람은 SETI@home에서 제공하는 소프트웨어를 자신의 컴퓨터에 다운로드합니다. 그러면 컴퓨터 화면보호기가 작동할 때마다 프로그램이 실행되어 전파망원경에 포착된 신호를 분석하게 됩니다.

이는 개인용 PC가 하루 중 대부분 시간 동안 방치되어 있다는 데 착안한 프로젝트랍니다. 이 프로그램은 사용자가 컴퓨터를 사용하지 않는 동안 실행되기 때문에 불편한 점은 전혀 없습니다. 현재 200여 국가에서 1,000만 명 이상이 자신의 PC로 이 프로젝트에 참여하고 있습니다. 말하자면 천만 대의 PC로 이루어진 슈퍼컴퓨터라고 할 수 있지요. 덕분에 연구자들은 소중한 시간을 절약하고 있습니다.

★★ 500년 전부터 우주를 관측한 라이벌 갈릴레오와 케플러 ★★

케플러의 지지로 지동설을 완성한 갈릴레이

갈릴레이 이전에 여러 사람이 지동설을 주장했습니다. 그러나 그것은 어디까지나 추측에 지나지 않았지요. 즉 증거를 제시하지 못했답니다. 갈릴레이의 위대한 점은 관측을 통해 지동설을 증명해 낸 것에 있습니다. 갈릴레이는 망원경을 이용하여 목성의 둘레를 네 개의 위성이 돈다는 사실을 확인했습니다. 모든 천체가 지구를 돌지 않는다는 사실을 발견한 거지요. 케플러는 갈릴레이의 발견에 진심으로 지지를 보냈습니다. 당시의 천문학자들은 갈릴레이가 발견한 목성의 위성들을 실재가 아니라 망원경이 만들어 낸 허상으로 취급했습니다. 갈릴레이는 자신의 관측 결과에 대한 신빙성을 확보하기 위해 케플러에게 자문을 구했고, 케플러는 공개적으로 지지의 뜻을 나타냈지요. 케플러의 지지로 갈릴레이는 비판자들의 공격을 물리칠 수 있었습니다.

케플러는 코페르니쿠스의 지동설을 이론적으로 완벽하게 다듬었습니다. 그동안은 모두가 행성의 운동을 원 운동으로 이해했습니다. 케플러는 이를 타원 궤도로

▶ 그리피스 천문대에 전시된 갈릴레이 망원경의 복제본.

수정했지요. 케플러는 천문학자 브라헤의 조수였습니다. 나중에 브라헤가 죽으면서 남긴 평생의 관측 자료를 케플러가 넘겨받았고, 5년의 사투 끝에 타원 궤도의 법칙(모든 행성은 태양을 초점으로 하는 타원 궤도를 그리며 공전한다) 등을 발견했답니다. 처음에는 수학적 단순성에 대한 신비주의적 믿음 때문에 원 운동만을 고수하느라 행성의 운동에서 드러나는 규칙성을 찾는 데 실패했습니다. 계산한 결과가 번번이 관측 자료와 어긋났지요. 이후 원 궤도를 버리고 행성의 운동을 타원 궤도에서 찾았답니다. 그런데 케플러가 갈릴레이를 지지해 준 반면, 갈릴레이는 케플러와 정반대였습니다. 케플러가 타원 궤도의 법칙 등이 담긴 《새로운 천문학》에 대한 갈릴레이의 의견을 간청했지만, 갈릴레이는 끝내 자신의 의견을 표명하지 않았답니다.

갈릴레이의 무관심을 딛고 망원경을 만든 케플러

갈릴레이는 스스로 망원경을 만들어서 별들을 관측했습니다. 반면에 케플러는

▶ 베네치아 총독에게 망원경 사용법을 가르쳐 주는 갈릴레이.
(주세페 베르티니, 1858년, 프레스코화, 빌라 폰티, 바레세)

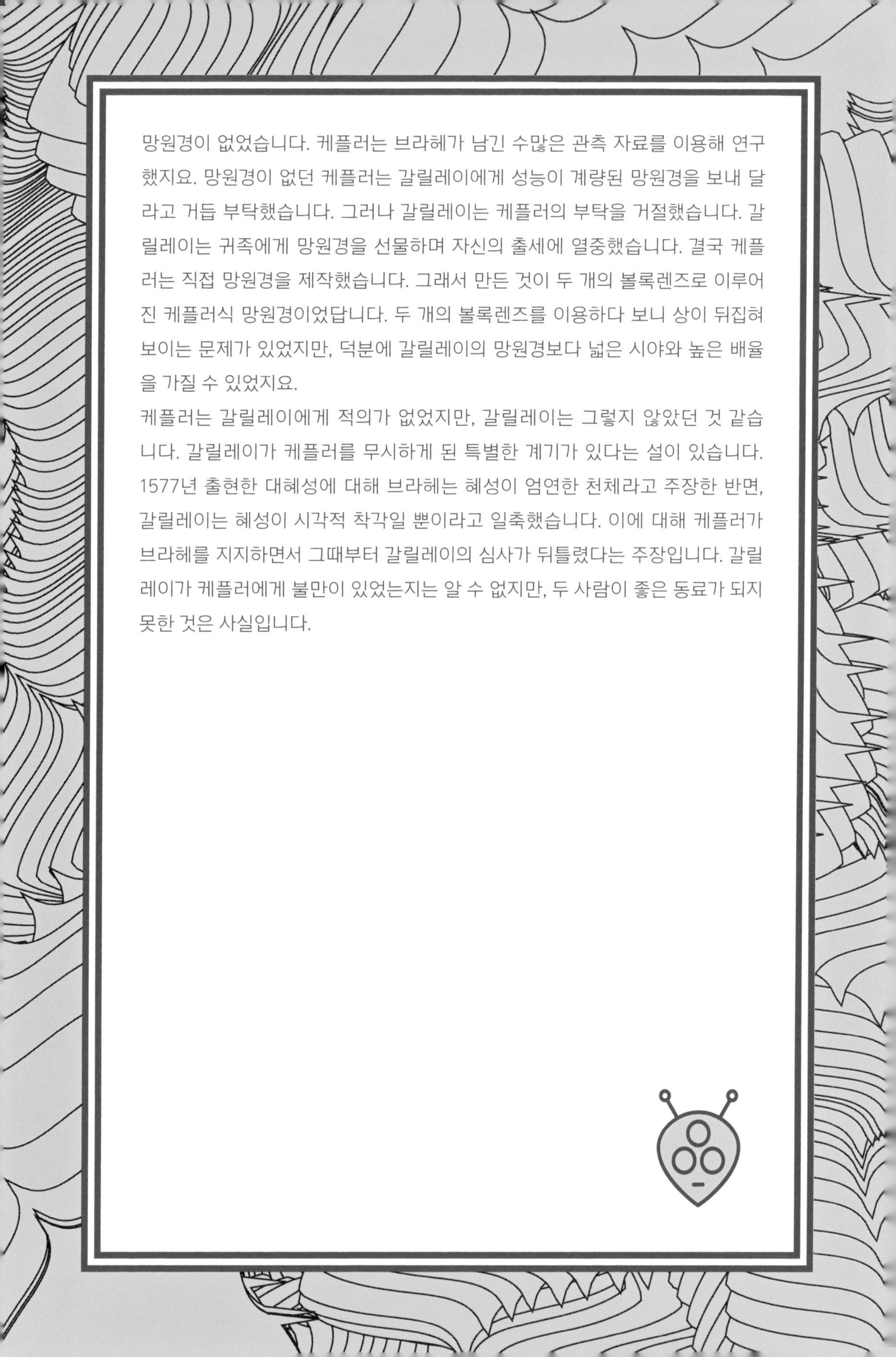

망원경이 없었습니다. 케플러는 브라헤가 남긴 수많은 관측 자료를 이용해 연구했지요. 망원경이 없던 케플러는 갈릴레이에게 성능이 계량된 망원경을 보내 달라고 거듭 부탁했습니다. 그러나 갈릴레이는 케플러의 부탁을 거절했습니다. 갈릴레이는 귀족에게 망원경을 선물하며 자신의 출세에 열중했습니다. 결국 케플러는 직접 망원경을 제작했습니다. 그래서 만든 것이 두 개의 볼록렌즈로 이루어진 케플러식 망원경이었답니다. 두 개의 볼록렌즈를 이용하다 보니 상이 뒤집혀 보이는 문제가 있었지만, 덕분에 갈릴레이의 망원경보다 넓은 시야와 높은 배율을 가질 수 있었지요.

케플러는 갈릴레이에게 적의가 없었지만, 갈릴레이는 그렇지 않았던 것 같습니다. 갈릴레이가 케플러를 무시하게 된 특별한 계기가 있다는 설이 있습니다. 1577년 출현한 대혜성에 대해 브라헤는 혜성이 엄연한 천체라고 주장한 반면, 갈릴레이는 혜성이 시각적 착각일 뿐이라고 일축했습니다. 이에 대해 케플러가 브라헤를 지지하면서 그때부터 갈릴레이의 심사가 뒤틀렸다는 주장입니다. 갈릴레이가 케플러에게 불만이 있었는지는 알 수 없지만, 두 사람이 좋은 동료가 되지 못한 것은 사실입니다.

USA
NASA
Challenger

6.

그들이 안 오면 우리가 찾으러 갈까?

▶▶ 1983년 챌린저호의 처녀비행 발사 장면.

안녕? 외계인

외계인이 우리를 찾아오지 않는다면, 우리가 직접 외계인을 찾으러 떠날 수 있겠지요. SF 영화 〈스타트렉〉 시리즈나 〈스타워즈〉 시리즈처럼 말이에요. 인류는 늘 우주여행을 꿈꿔 왔습니다. 1,000억 개가 넘는 별이 모인 은하, 그리고 그런 은하가 1,000억 개 넘게 모인 우주를 탐험하는 일은 상상만으로도 흥분되지요. 하지만 영화에 나오는 우주여행은 아주 먼 미래에 가능한 일이랍니다.

아직 인류의 발길이 직접 닿은 천체는 달이 유일합니다. 그것도 딱 한 번 가 보았을 뿐이지요. 그 거리는 38만 5,000㎞입니다. 1970년대에 사람을 달에 보낸 후로 유인우주선이 다녀온 거리는 고작 450㎞ 정도입니다. 바로 국제우주정거장이 있는 거리지요. 우리가 외계인을 찾으려면 이보다 훨씬 멀고 험한 여행을 해야 한답니다. 일반적으로 항성 간 거리는 행성 간 거리의 100만 배에 이르니까요.

지구에서 태양 다음으로 가까이 있는 별은 지구로부터 4.2광년 떨어진 프록시마 센타우리입니다. 이 별까지의 거리는 지구와 태양 사이 거리의 20만 배 이상이지요. 지금까지 인간이 만든 무인우주선의 평균 속도는 초속 14㎞ 정도에 불과합니다. 가장 빠른 우주선은 2006년에 발사된 명왕성 탐사 무인우주선 뉴호라이즌스호랍니다. 핵연료 엔진을 탑재한 이 탐사선의 최고 속도는 시속 5만 8,000㎞입니다. 목성 궤도를 지나면서부터는 목성의 중력을 이용해 시속 7만 2,500km까지 빨라졌지요.

시속 5만 8,000km는 지구 속도로 보자면 어마어마하게 빠르지요. 뉴호라이즌스호로는 달까지 아홉 시간이면 갈 수 있답니다. 북아메리카 대륙을 횡단하는 데도 고작 4분밖에 걸리지 않는 속도입니다. 그런데 이렇게 빠른 뉴호라이즌스호도 명왕성까지 가는 데는 9년 반이 걸리지요. 이런 속도로 지구에서 프록시마 센타우리까지 가려면 7만 4,000년이 걸린답니다.

유인우주선을 타고 가면 더 막막합니다. 만일 인류 최초의 달 착륙선인 아폴로 11호를 타고 날아간다고 가정해 볼까요? 아폴로 11호의 속도는 초속 11km, 시속 3만 9,000km였습니다. 이 속도로 간다면 프록시마 센타우리까지 약 12만 년이 걸린답니다. 가장 가까이 있는 별까지 가는 데만도 수만 세대가 걸린다는 얘기지요. 현재까지 가장 빠른 유인우주선인 아폴로 10호를 타고 가도 마찬가지랍니다. 1969년 5월, 달 주위를 돌면서 착륙 연습을 하고 돌아온 아폴로 10호는 대기권을 진입하면서 그 속도가 시속 4만km에 이르렀지요. 어쨌든 아폴로 11호나 10호나 프록시마 센타우리까지 가려면 10만 년 이상이 걸립니다.

멀리 떨어진 항성과 항성 사이를 여행하는 데에는 화학연료로는 충분한 속도를 낼 수 없습니다. 인간이 만든 우주선 가운데 최초로 태양계를 벗어난 보이저호만 하더라도 광속의 $\frac{1}{\text{만 } 6{,}000}$의 속도밖에 내지 못합니다. 이런 속도라면 다른 항성까지 가기란 거의 불가능에 가깝습니다. 설사 그곳까지 갈 연료가 있다 하더라도 그사이에 운석과 충돌하거나 기계가 고장 날 테니까요.

우주여행에 꼭 필요한 에너지

현재 화성에는 두 대의 착륙 탐사선이 머물고 있습니다. 큐리오시티와 오퍼튜니티가 주인공들입니다. 두 탐사선은 화성 지표면을 이동하면서 다양한 자료를 보내오고 있습니다. NASA는 2030년에 핵융합 에너지를 로켓 연료로 사용한 유인우주선을 화성에 보내는 프로젝트를 가동하고 있습니다. NASA는 이를 위해 차세대 우주선 오리온도 만들고 있답니다. 오리온의 첫 시험 발사는 2014년 12월에 했습니다. 네덜란드에서는 NASA보다 6년 빠른 2024년에 인류를 화성에 보내는 마스원Mars One 프로젝트를 진행하고 있지요. 하지만 화성까지 간다고 외계인을 만날 수 있는 건 아닙니다. 외계인을 만나려면 우리는 태양계 바깥으로 나가야 합니다. 항성 간 우주여행을 해야지요.

지금의 기술로 화성까지 가려면 엄청난 양의 화학연료가 필요할뿐더러 기간도 무려 반년 이상 걸립니다. 그러나 과학자들은 핵융합 로켓을 타고 가면 한 달에서 석 달 정도면 화성에 도착할 것으로 예상합니다.

원자력 발전은 크게 핵융합 발전과 핵분열 발전으로 구분됩니다. 지금까지 인류가 사용해 온 원자력 발전은 핵분열 발전입니다. 핵융합 발전과 핵분열 발전은 정반대의 원리로 작동합니다. 핵융합 발전이 작은 원자핵이 결합하여 큰 원자핵을 만들 때 나오는 에너지를 이용한다면, 핵분열 발전은 큰 원자핵을 분열시켜 작은 원자핵으로 만들 때 나오는 에너지를 이용합니다.

핵융합이 주목받는 이유는 원자력보다 효율이 여섯 배나 높고, 사고 위험과 방사능 걱정이 거의 없는 안전하고 깨끗한 에너지이기 때문입니다. 핵융합 발전은 수소 연료 1g만으로 석유 8톤에 해당하는 에너지를 생산할 수 있습니다. 핵융합 발전은 아직 개발 중입니다. 전 세계는 2040년대 상용화를 목표로 핵융합 개발에 박차를 가하고 있지요. 하지만 아직 넘어야 할 산이 많답니다.

우리가 알고 있는 거대한 핵융합 발전소가 바로 태양입니다. 앞에서 설명한 것처럼 태양 내부에서는 수소 원자끼리 만나 헬륨 원자가 됩니다. 그 과정에서 엄청난 에너지가 발생하지요. 그러니까 핵융합 발전은 인간의 손으로 작은 태양을 만든다고 생각하면 된답니다. 영원히는 아니겠지만 아주 오랜 시간 불타는 덩어리를 만드는 거지요. 그래서 핵융합 발전을 '인공 태양'으로 부르기도 한답니다.

그런데 어렵사리 핵융합 로켓을 개발한다 해도 다른 문제가 있습니다. 우주여행에는 여러 위험 요소가 도사리고 있거든요.

첫 번째 위험 요소는 무중력입니다. 인간의 몸은 무중력 상태에 장기간 노출되면 무기물 등을 잃게 되는데, 그 속도가 상당히 빠르다고 합니다. 우주정거장에서 1년 정도 근무하고 지구에 돌아오면 간신히 기어 다닐 정도로 뼈와 근육이 퇴화한다고 합니다. 물론 일정 시간이 지나면 다시 회복되긴 합니다. 어쨌든 우주에서 오랜 시간 머물다 보면 근육과 골격이 퇴화하지요.

태양계를 벗어나 다른 행성계에 이르려면 최소한 수십 년은 걸립니다. 따라서 승무원이 목적지에 도착했을 때 신체 기능은 극도로 약해지지요. 그러므로 미래의 우주선은 스스로 회전하여 원심력에 의한 인공중력을 만들어 내도록 설계되어야 합니다. 이와 같은 구상은 이미 1968년에 개봉한 스탠리 큐브릭 감독의 기념비적인 SF 영화 〈2001 스페이스 오디세이〉에 등장한 바 있습니다. 아니면 〈에이리언〉 같은 영화처럼 우주인들을 깊은 잠에 빠지게 하거나 냉동하는 방법도 있겠지요.

두 번째 위험 요소는 운석입니다. 우주에는 시속 수만㎞의 가공할 속도로 우주를 누비는 작은 운석들이 있습니다. 임무를 마치고 돌아온 우주왕복선 표면에는 운석들과 충돌한 흔적이 발견됩니다. 크기는 작지만 운이 없었다면 자칫 대형 사고로 이어질 가능성이 충분한 것들이지요. 운석의 피해를 막으려면 우주선 외부에 지금보다 훨씬 튼튼한 재질의 보호막을 설치해야 합니다. 지구로 귀환하다가 대기 중에서 폭발한 우주왕복선 컬럼비아호도 결국은 부실한 외피에서 비롯한 참사였습니다.

세 번째 위험 요소는 방사능입니다. 우주 공간에 퍼져 있는 방사능 수치는 과거에 예상한 것보다 훨씬 높은 것으로 밝혀지고 있습니다. 예를 들어 태양 폭발이 일어나면 엄청난 양의 치명적인 플라스마가 지구로 날아옵니다. 그런데 지구에는 대기나 자기장 같은 보호막이 방사선을 막아 주지요. X선이나 감마선 같은 우주 방사선의 피해를 보지 않으려면 고에너지 입자의 침투를 막아 주는 강력한 차단막으로 우주선 전체를 에워싸야 합니다.

이와 같은 여러 어려움과 우주선을 제작하는 데 들어가는 막대한 비용을 고려한다면 우주선의 크기를 아주 작게 만드는 것도 하나의 방법일 것입니다. 현재 NASA는 냉장고 무게만 한 화성 표면 탐사기를 성냥갑 크기로 줄이려고 노력 중입니다. 어떤 물체를 지구 궤도 상에 올리려면 1㎏당 약 2,500만 원 정도의 비용이 듭니다. 우주선의 무게를 1,000톤 정도로 본다면 우주개발 비용은 수십조 원에 달하지요. 크기를 줄이면 우주여행에 필요한 연료는 태양열을 이용할 수도 있습니다. 우주선 크기가 작은 만큼 태양열 패널의 크기도 클 필요가 없겠지요.

우주선 개발이 준 선물

우주선을 개발하는 과정에서 인류는 많은 발명품을 얻었습니다. 우주로 나가기 위해서는 최첨단 과학기술이 필요한데, 그런 기술들이 여러 분야에서 다양하게 활용되어 우리의 삶을 편리하게 만들고 있지요. NASA는 우주개발의 중심지이자 세계 최대의 발명가 집단입니다. NASA는 1973년부터 공식적으로 우주 기술을 민간으로 이전하기 시작했고, 열 개의 연구소에서 다양한 기술 이전 네트워크와 창업 지원 프로그램을 운영하고 있지요.

우선 우주선에서 비롯된 기술들을 살펴볼까요. 화재경보기가 대표적입니다. 최초의 화재경보기는 우주정거장에서 화재가 발생할 때를 대비해 만들어졌지요. 1970년대 NASA는 우주정거장과 유인 우주실험실인 스카이랩을 만들면서 내부 화재에 대비하기 위해 연기를 감지해 경보를 울리는 장치를 개발했답니다. 그때 만들어진 장치가 발전되어 오늘날의 화재경보기가 됐지요.

고효율의 진공 단열재 역시 우주과학에서 나왔어요. 우주선은 지구 대기를 통과할 때 엄청난 열을 받습니다. 또 우주 공간에서 급격히 온도가 올라가거나 떨어지기도 하지요. 그래서 일정한 온도를 유지하기 위한 단열 장치가 필수적이지요. 이러한 단열 기술은 단열재뿐만 아니라 인체 장기를 긴급 이송하는 의료용 상자 등에도 쓰인답니다.

정수기 역시 우주에서 우주인들이 마실 식수 부족 문제를 해결하기 위해 개발됐지요. 동결건조식품이나 전자레인지도 우주인을 위해 개발됐답니다. 이것들은 요리하기 힘든 우주선 안에서 손쉽게 식사를 해결하기 위해 만들어졌답니다. 우주선 계기판의 손상을 막기 위해 개발된 긁힘 방지 렌즈는 오늘날 안경이나 선글라스 렌즈에 사용되고 있지요. 고어텍스는 우주복 소재를 활용해 만들어졌답니다. 위성항법장치GPS와 내비게이션, 위성방송 역시 인공위성을 이용한 기술들이지요.

이외에도 각종 로봇 기술, 태양광 발전, 연료전지[33], 형상기억합금[34], 수경 재배[35], 디지털 영상처리 기술 등이 모두 우주개발의 부산물이랍니다.

이뿐만이 아닙니다. 우주과학기술은 의료 분야에서도 다양하게 활용되고 있답니다. 대표적으로 검진받을 때 사용하는 자기공

---

33 발전기를 사용하지 않고, 수소와 산소의 반응으로 전기를 직접 생산하는 전지.

34 가공된 물체가 변형되거나 망가지더라도 열을 가하면 원래의 형상으로 되돌아가는 합금.

35 흙을 사용하지 않고 물과 수용성 영양분을 이용한 재배법.

명영상장치MRI, 단층촬영기CT 같은 의료기기들이지요. 이 기기들은 몸을 얇게 조각내듯이 단층을 촬영해 보여 준답니다. 그래서 인체에 칼을 대지 않고도 속을 훤히 들여다볼 수 있어요. 이 기기들은 우주 사진 촬영 기술을 이용해 만들어졌답니다.

시력 교정을 위한 라식 수술도 NASA의 레이더 기술을 이용한 것입니다. 라식 수술은 레이저로 각막을 깎아서 시력을 교정하는 수술이지요. 그런데 수술 도중에 환자는 안구를 무의식적으로 움직입니다. 이때 안구의 움직임을 따라가면서 수술하는 것이 관건이지요. 목표물 추적을 위해 개발된 레이더 기술을 이용하면 초당 4,000번의 속도로 눈의 움직임을 측정할 수 있어 안전하게 수술할 수 있답니다.

몸의 근육이 위축되는 병을 앓고 있는 영국의 천체물리학자 스티븐 호킹Stephen William Hawking, 1942~ 이 사용하는 안구 마우스도 우주과학기술에서 왔답니다. 우주선이 발사될 때 우주선은 엄청나게 요동칩니다. 우주인은 몸이 심하게 흔들리는 것을 막기 위해 온몸을 고정한답니다. 그런데 온몸이 묶인 상태에서 갑자기 우주선에 문제가 생기면 어떻게 될까요? 그래서 개발된 것이 안구 마우스랍니다.

이외에도 인공관절, 치아용 임플란트, 자외선 차단제 등도 모두 우주개발의 결과물이랍니다.

★ 외계인을 만나려는 지구인의 노력 _ 우주선 프로젝트의 역사 ★

1957년 ······················ 스푸트니크 1호 발사

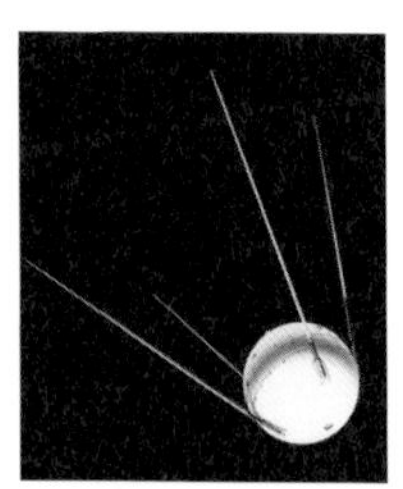

스푸트니크는 지름 58㎝에 네 개의 안테나를 단 최초의 인공위성이랍니다. 전파를 발사하는 단순한 기능만 있었지요. 그렇지만 미국과 소련의 우주 경쟁을 촉발시킨 장본인입니다. 지구를 96분에 한 번씩 회전했고, 세 달 동안 회전하다 대기권으로 들어와 불타 버렸습니다.

1961년 ······················ 보스토크 1호 발사

“지구는 푸른빛이다. 멋지고 경이롭다.” 인류 최초의 우주인 유리 가가린(Yurii Alekseevich Gagarin, 1934~1968)이 한 말입니다. 가가린은 최초의 유인우주선 보스토크 1호를 타고 108분 동안 지구를 한 바퀴 돌고 지구로 귀환했습니다.

1969년 ······················ 아폴로 11호 달 착륙 성공

“이것은 한 인간에게는 한 걸음이지만 인류에게는 위대한 도약이다.” 달에 첫발을 내디딘 닐 암스트롱(Neil Alden Armstrong, 1930~2012)이 한 말이지요. 실제로 달에 발을 디딘 사람은 선장 암스트롱과 조종사 버즈 올드린(Edwin Eugene Aldrin jr., 1930~) 두 사람입니다. 달에 지구인을 보내는 아폴로 계획에는 현재 가치로 100조 원이 투입됐습니다.

1976년 ······················ 바이킹 1호 화성 착륙

바이킹 1호는 화성의 생명체 존재 여부를 알아보기 위해 만들어진 화성 탐사선입니다. 이후로 바이킹 2호(1976), 패스파인더(1997), 오퍼튜니티(2004), 스피릿(2004), 피닉스(2008), 큐리오시티(2012) 등의 탐사선이 화성에 보내졌습니다.

1977년 ······················ 보이저 1호와 2호 발사

1979년 목성 탐사 임무를 마치고 지금은 기약 없이 우주를 여행하고 있습니다. 두 탐사선은 인간이 만든 인공물 가운데 가장 멀리 날아갔답니다. 보이저 1호는 태양계를 벗어났고, 보이저 2호는 해왕성을 통과했습니다.

1981년 ······················ 컬럼비아호 발사

컬럼비아호는 최초의 우주왕복선입니다. 2003년까지 총 스물여덟 차례의 비행 기록을 세웠답니다. 2003년 스물여덟 번째 우주 비행을 마치고 지구로 귀환하다 선체 결함으로 인해 공중 폭발했습니다. 이 사고로 승무원 일곱 명 전원이 사망했지요.

1998년 ······················ 국제우주정거장 건설 시작

1998년, 열여섯 개 나라가 국제우주정거장 건설 계획에 서명했습니다. 그해 다목적 모듈 '지랴'를 발사했지요. 우주정거장의 역사는 1971년부터 시작됐습니다. 본격적으로 우주정거장 시대를 연 것은 미르랍니다. 1986년 발사된 미르는 2001년까지 15년간이나 운영됐지요.

2010년 ······················ 민간 우주 왕복선 드래곤 발사

드래곤은 우주기업 스페이스 X가 제작한 무인 우주 왕복선입니다. 스페이스 X가 주목받는 이유는 미국이나 러시아 등 국가 주도의 우주개발이 민간 우주 산업으로 진화한 사례이기 때문입니다.

2030년 ······················ 오리온호 발사 예정

화성 유인 탐사선입니다. 1969년 달에 인류가 첫발을 내디딘 이후로 60년 만에 인류는 태양계의 또 다른 행성에 발을 내딛게 되지요. 2014년 오리온호의 시험 발사가 성공적으로 이루어졌습니다. 이후 2021년에 실제로 승무원을 태우고 달 궤도를 돌거나 소행성을 탐사할 계획입니다.

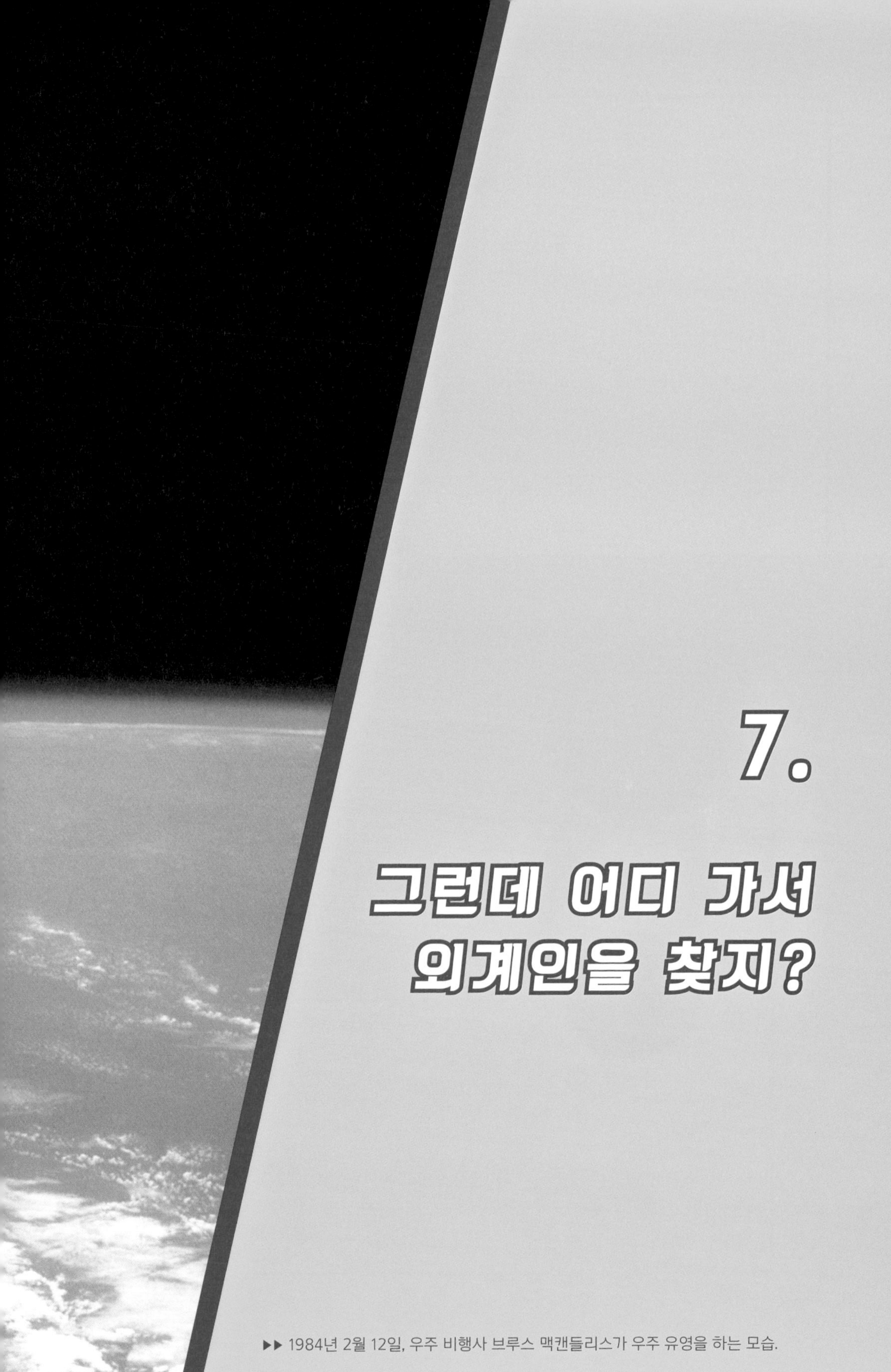

7. 그런데 어디 가서 외계인을 찾지?

▶▶ 1984년 2월 12일, 우주 비행사 브루스 맥캔들리스가 우주 유영을 하는 모습.

골디락스 존이 뭐지?

우주에서 생명체가 존재할 수 있는 환경을 '골디락스 존'이라고 부릅니다. 따라서 외계 생명체가 존재할 만한 행성은 골디락스 행성이 됩니다. 골디락스 존은 너무 뜨겁지도 차갑지도 않은 지대랍니다. 골디락스라는 표현은 영국의 전래동화 《골디락스와

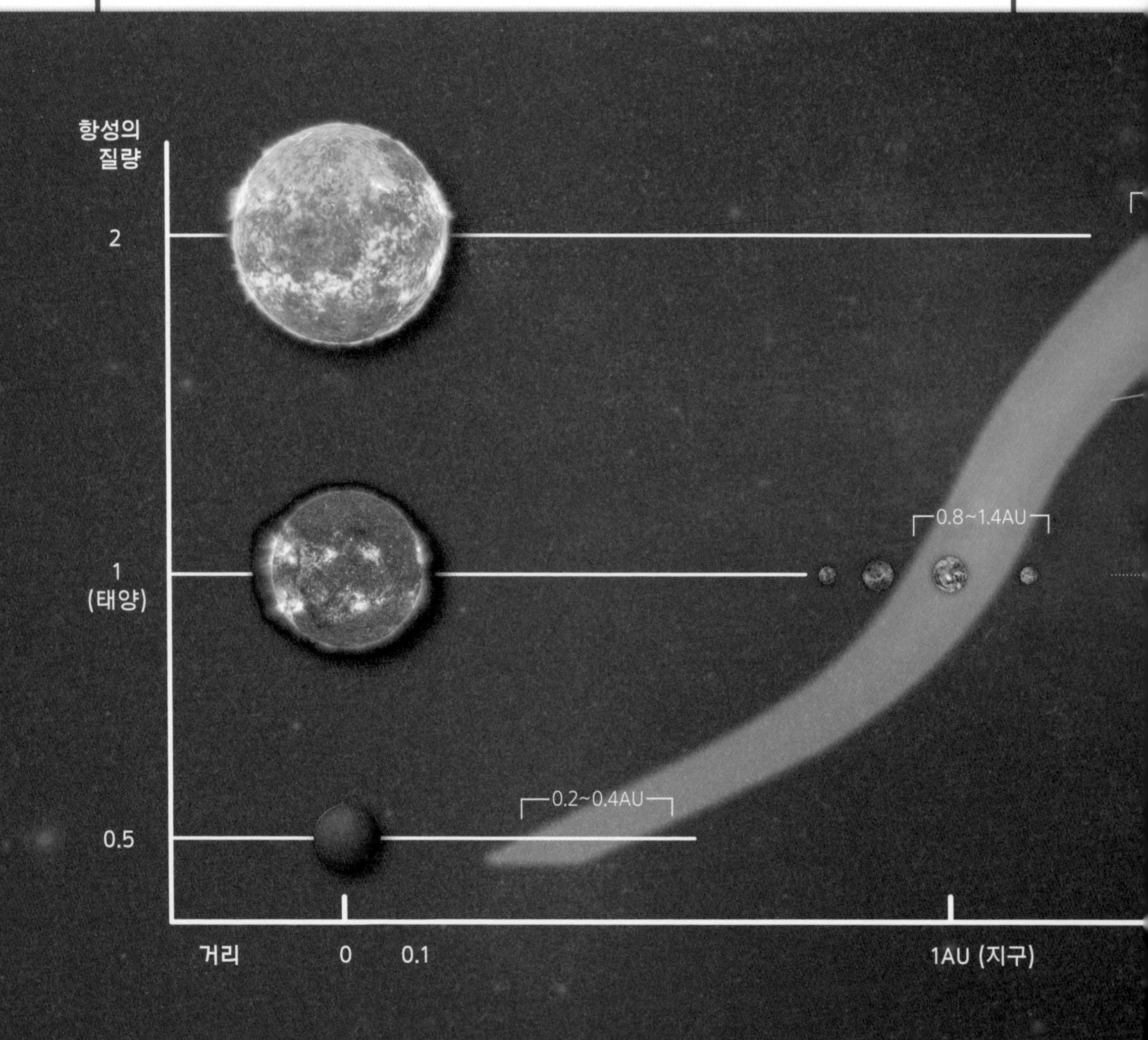

곰 세 마리》에서 유래했어요. 동화에는 여주인공으로 나오는 소녀 골디락스가 숲 속 곰들이 요리한 수프 가운데서 가장 알맞은 온도의 죽을 찾는 장면이 나옵니다. 곰들이 '뜨거운 수프', '차갑게 굳어 버린 수프', '알맞은 온도의 수프' 이렇게 세 가지 수프를 내놓았거든요.

적당한 온도는 생명체의 항상성 유지에 중요합니다. 항상성은 생체의 기능을 효율적으로 수행하여 생명을 유지하기 위해서 체온이나 삼투압, ph수소이온농도 등이 일정한 범위에서 안정되게 유지

[태양계에서 생명체가 살 수 있는 골디락스 존]

2~4AU

우리가 살고 있는 지구처럼 생명체가 살 수 있는 환경을 가진 공간을 골디락스 존, 또는 생명체 거주 가능 영역이라고도 한다. 행성의 표면 온도가 대략 영하 30℃에서 영상 100℃ 사이면 생명체가 살기에 적당하다고 본다.

10

40

되는 것을 말하지요. 적당한 온도는 또한 물의 존재와 관련해서 중요하답니다. 행성이 너무 뜨거우면 물이 증발하기 쉽거든요. 반대로 너무 차가우면 물이 얼어 버릴 수 있습니다. 그래서 외계 생명체를 찾을 때는 골디락스 행성인지를 확인하게 되는 겁니다.

외계 생명체가 살 수 있는 환경과 관련해서는 항성의 크기도 하나의 변수가 됩니다. 항성의 크기에 따라서 별에서 나오는 열과 빛이 다르니까요. 태양보다 큰 항성이라면 태양과 지구의 거리보다 멀리 있어야 하고, 태양보다 작은 항성이라면 태양과 지구의 거리보다 가까이 있어야겠지요. 우주에는 우리 태양보다 큰 항성이 수없이 많습니다. 큰 항성은 작은 항성에 비해 더 많은 핵연료를 소모하지요. 물론 큰 항성일수록 핵연료도 더 많이 갖고 있어요. 그러나 그것은 자신의 엄청난 에너지 사용량을 겨우 충당할 수 있는 정도랍니다. 큰 항성들은 수천만 년 동안 스스로 연료를 공급하면서 진화하지요. 그러다가 마지막에는 강력한 폭발을 일으켜 자신의 모든 것을 방출하면서 생을 다합니다. 이를 초신성 폭발이라고 부르지요. 결론적으로 별은 그 크기질량가 클수록 수명이 짧답니다.

이 문제가 생명체의 탄생과 관련하여 왜 중요할까요? 생물이 탄생하려면 적어도 수억 년의 시간이 필요합니다. 그렇다면 외계 생명체가 생겨나기 위해서도 이 정도의 시간이 필요하겠지요. 그런데 큰 항성에 딸린 행성이라면 그만큼의 시간을 확보할 수 없습니다. 생명체가 탄생하기 전에 항성이 수명을 다할 테니까요. 결국 거대한 항성 주변에서는 외계인을 못 찾을 가능성이 높습니다.

그렇다고 너무 걱정할 필요는 없습니다. 100개의 항성이 있다고 하면 아주 크고 무거운 항성은 1개 정도에 불과하니까요. 10개 정도는 태양과 비슷한 크기이고, 나머지 대부분은 크기가 매우 작은 왜성이랍니다.

우리는 외계 생명체를 상상할 때마다 지구 생명체를 떠올릴 수밖에 없습니다. 우리가 아는 유일한 생명체가 바로 지구 생명체니까요. 그래서 우주의 생명체를 이야기할 때마다 생명이 살 수 있는 환경으로 지구 같은 행성을 찾곤 합니다. 지구처럼 물이 풍부하고 대기 중에 산소가 풍부한지 말입니다. 또한 적당한 온도를 유지하기 위해서 태양과 지구의 거리처럼 항성과 적정한 거리에 있는지를 살피기도 합니다. 하지만 이는 지구에서 살아가는 존재로서 인간이 가진 어쩔 수 없는 생각의 한계일지 모릅니다.

우주의 생명체는 지구의 생명체와 완전히 다른 개념의 생명체일 수 있습니다. 물이 없어도 살 수 있거나 산소가 필요하지 않거나……. 가령 토성의 위성인 타이탄에서 살지도 모릅니다. 거대 위성인 타이탄에는 하늘과 호수가 있습니다. 물론 지구와는 많이 다른 하늘과 호수지요. 타이탄의 하늘은 질소로 가득합니다. 산소는 전혀 없지요. 강과 호수에는 물 대신 메탄과 에탄이 가득하지요. 이것들은 지구에서 기체인 천연가스로 존재하지만, 차디찬 타이탄에서는 액체 상태로 존재합니다. 타이탄의 메탄은 지구의 물과 같은 역할을 합니다. 지구에서 물이 증발해 비가 내리듯 타이탄에서는 메탄이 증발해 메탄 비가 내립니다. 타이탄에도 물이 있지만 영하 수백도인 그곳에서 물은 모두 얼음으로만 존재할 뿐입니다. 그러니까 타이탄에 생명체가 있다면 산소 대신 수소를 들이쉬고, 물 대신 메탄이나 에탄을 이용할 수 있는 거지요.[36]

생명체 탄생의 3요소

생명이 존재하기 위해서는 세 가지 요소가 필요합니다. 첫 번째는 유기 분자가 있어야 합니다. 유기 분자는 모든 생명체를 구성하는 기본 요소지요. 유기 분자는 그 자체로는 생명체가 아니지만 모든 생명체를 구성하는 기본 요소랍니다. 유기 분자는 상호작용을 통해 더 복잡한 형태로 발전합니다.

생명체를 이루는 대부분의 물질, 가령 아미노산, 핵산, 포도당, 지방과 같은 탄소에 기반을 둔 복잡한 유기 분자들은 실험실에서도 합성할 수 있습니다. 물론 그것으로 생명체를 만드는 일은 과학자들이 풀어야 할 또 다른 숙제이지요. 또한 유기 분자는 운석에서도 발견되고 관측을 통해 성간 가스 구름에도 존재하는 것이 확인됐답니다. 그러니까 유기 분자가 지구에만 존재하는 것은 아니라는 사실을 알 수 있습니다.

두 번째는 생물 신진대사의 바탕이 되는 액체가 있어야 합니다. 액체 속에서 유기 분자는 섞이고 상호작용을 하고 더 복잡하게 발전합니다. 지구에서는 물이 그 역할을 합니다. 생물에 따라

---

36 메탄과 에탄은 생체 분자라고 해서, 생물체를 구성하거나 생물의 기능을 담당하는 특수 분자입니다.

차이는 있지만, 생명체는 60~90%가 물로 이루어져 있지요. 물은 다른 액체에 비해 더 편리하고 효율적이랍니다. 액체 상태의 물은 비열이 커서 생명체의 항상성을 도와줍니다. 비열은 어떤 물질 1g의 온도를 1℃만큼 올리는 데 필요한 열량입니다. 예를 들어 몹시 더운 날에 해수욕장에 가면 모래는 발을 델 정도로 뜨겁지만 물은 시원하지요. 분명히 모래나 물 모두 태양에서 같은 열량을 받았을 텐데 왜 그럴까요? 물과 모래의 비열이 다르기 때문입니다. 즉 물의 온도를 1℃ 올리는 데 필요한 열량이 모래보다 많이 드는 셈이지요. 이렇듯 물은 일정한 온도를 유지하면서 생명체의 항상성에 도움을 주는 겁니다. 또한 용해성이 커서 유기물을 녹이는 용매 역할을 하지요. 게다가 빛 투과성이 좋습니다. 즉 물속에서도 햇빛을 받아 생명을 유지할 수 있지요.

또한 물의 이점 중 하나는 고체의 밀도가 액체보다 낮다는 점입니다. 물은 얼음이 되면 밀도가 줄어들지요. 밀도가 줄어들기 때문에 얼음은 물에 뜨지요. 이 때문에 바다나 호수의 아래 공간은 얼지 않은 채 유지되고 그 속에서 생명체가 살아갈 수 있습니다. 만약 물이 얼음으로 될 때 밀도가 줄어들지 않는다고 가정해 볼까요? 얼음이 바닥으로 가라앉고 아래쪽의 물이 얼음 위로 올라오고 다시 얼어붙게 됩니다. 결국 호수나 바다에 있는 물은 전부 얼어 버리고, 그 속에 사는 생명체도 모두 얼어 죽고 말겠지요.

이렇게 중요한 물은 지구에만 있을까요? 물론 우주에도 물이 존재할 수 있습니다. 우리 태양계만 하더라도 토성의 위성인 엔셀라두스는 간헐천온수와 수증기를 내뿜는 온천처럼 수증기와 얼음 조각을 뿜어내고 있습니다. 이러한 사실과 타이탄의 메탄 호수 등은 토성 탐사선 카시니호에 의해서 최근에야 밝혀졌답니다. 또한 목성의 위성 유로파에도 물이 있을 것으로 추정됩니다. 1979년 보이저호와 1996년 갈릴레오호 두 우주탐사선이 찍은 유로파의 사진은 거대한 빙하가 쪼개졌다 얼어붙은 모습을 보여 줍니다. 이와 같은 쪼개짐은 얼음 밑에 물이 있다는 사실을 알려 주지요.

그러나 꼭 물일 필요는 없습니다. 액체 상태로 존재하는 다른 무언가가 물의 역할을 대신할 수도 있겠지요. 타이탄의 메탄이나 에탄이 그렇지요. 물론 액체 메탄은 생명을 위한 액체로서 물만큼 작용하지 못할 수도 있습니다. 액체 메탄은 매우 낮은 온도를 유지합니다. 따라서 메탄 속에서 일어나는 화학 작용의 속도는 물 속에서보다 훨씬 느리게 진행될 겁니다. 그런 점에서 메탄 속에서 생명이 탄생했다면, 지구의 생물과 다르게 아주 느린 대사 기능을 가지고 있을 것으로 추측됩니다.

마지막은 에너지원입니다. 지구는 태양이라는 에너지원을 가지고 있습니다. 태양은 미생물부터 인간에 이르기까지 지구의 모든 생명체가 활동하게 하는 원천이자 바탕입니다. 일반적으로 우리가 에너지원을 떠올릴 때는 태양처럼 빛과 열을 내는 항성을 주로 생각합니다. 그래서 우주의 다른 항성들을 중심으로 생명체를 찾으려고 하지요.

그러나 최근의 발견에 의하면 행성도 하나의 에너지원이 될 수 있습니다. 가령 목성의 위성인 이오는 태양으로부터 멀리 떨어져 있음에도 화산활동이 활발합니다. 지름은 지구의 $\frac{1}{4}$에 불과하지만, 지구보다 100배 이상 되는 양의 마그마가 있어 태양계에서 지구 외에 유일하게 화산활동을 하고 있지요. 태양과의 거리로

목성 탐사선 갈릴레오호가 촬영한 이오의 모습.
활발한 화산 활동으로 인해 노랗게 빛나고 있다.

보면 차갑게 얼어 있어야 할 위성인데도 말입니다. 이오의 화산 활동은 목성과의 거리에 따른 것으로 보고 있습니다. 이오가 목성 주위를 공전할 때 최대 100*m*까지 타원형으로 팽창한다고 합니다. 이오는 팽창과 수축을 거듭합니다. 이런 과정이 반복되면서 이오 내부에 엄청난 마찰열[37]이 생기고 이것이 화산활동을 가능

---

37 추운 겨울날, 장갑이 없을 때 우리는 손바닥을 비비거나 손을 문지릅니다. 그렇게만 해도 온기가 느껴지지요. 이렇게 손바닥만 마주 비벼도 열이 발생합니다. 이를 마찰열이라고 부르지요. 팽창과 수축에 의한 열도 마찰열의 일종이랍니다. 작은 손바닥만 문질러도 열이 나는데, 거대한 천체가 늘어나고 줄어들기를 반복한다면 당연

하게 했지요. 그렇게 본다면 목성과 같은 행성도 하나의 에너지 원이 될 수 있겠지요.

바퀴보다 독한 놈들

우주의 생명체는 지구의 생명체가 살기 어려운 극한 환경에 적응해서 살아갈지도 모릅니다. 이는 터무니없는 상상이 아니라 지구 생명체에 근거한 이야기랍니다. 끓는 물과 차디찬 얼음 속에서도 살 수 있고, 우주의 차가운 진공과 강력한 방사능에 노출되어도 버틸 수 있는 동물이 있습니다. 바로 완보동물곰벌레입니다.

완보동물은 다 자라 봐야 몸길이가 1.5㎜밖에 안 되는 작은 동물이라 눈에는 잘 보이지 않습니다. 우리는 생명력이 가장 질긴 생물로 흔히 바퀴벌레를 떠올립니다. 그러나 완보동물은 바퀴벌레보다 더 지독한 녀석이랍니다. 지구의 생명체는 모두 다섯 번의 대멸종을 경험했습니다. 이 대멸종 기간을 모두 거치고도 살아남은 동물이 바로 완보동물이지요. 이 정도면 거의 불사신에 가깝다고 할 수 있겠죠?

완보동물은 5억 년 동안 지구에서 살아왔어요. 지구에 곤충이 나

히 내부에 엄청난 열이 발생하겠지요. 이오 내부의 열로 인해 화산 활동이 일어나면 용암이 최대 400㎞까지 치솟는다고 합니다. 지구에서의 화산 폭발이 수㎞에 이르는 것과 비교하면 실로 어마어마한 규모의 화산 폭발이지요.

타나기 전인 약 5억 3,000만 년 전 캄브리아기에 출현했습니다. 바퀴벌레가 2억 5,000만 년 전인 중생대에 출현했으니까 완보동물은 그보다 두 배나 오래 살았답니다. 개체 수는 최소한 세계 인구의 10억 배에 달할 정도로 많아요. 외계인이 와서 지구를 완보동물의 행성으로 생각해도 이상할 게 없지요. 완보동물에서 알 수 있듯 어떤 생명은 인간이 견디지 못하는 환경에서도 살 수 있답니다.

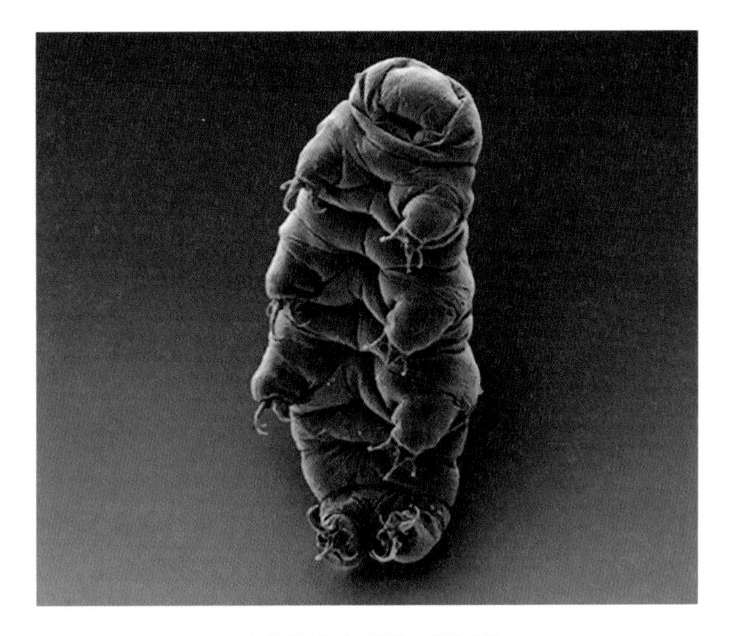

성인물곰이라 불리는 완보동물

완보동물의 생명력은 놀라울 정도랍니다. 2007년 ESA유럽우주국는 무인우주선 포톤-M3에 완보동물을 태워 우주로 보내는 실험을 했습니다. 실험 내용은 완보동물을 우주 환경에 드러냈다가 다시 지구로 돌아오게 하는 것이었습니다. 완보동물은 물과 산소가 없는 환경에서도 생존했으며 정상적으로 알을 낳고 번식했습니다. 지구에서보다 1,000배나 많은 태양 자외선을 쬐었는데도 멀쩡했습니다.

체르노빌 원전 사고 지역을 조사하던 과학자들은 놀라운 생명체를 발견했습니다. 방사능에 엄청난 저항력을 가진 데이노코쿠스 라디오두란스라는 미생물이지요. 생명이 거의 자취를 감춘 원전 사고 지역에서 유일하게 이 미생물만이 왕성하게 번성하고 있었습니다. 높은 양의 방사선은 생물의 DNA를 파괴해 질병을 일으키거나 죽게 합니다. 사람의 경우 6~7시버트Sv, Svsievert 정도의 방사선을 쬐면 1개월 안에 죽고, 250Sv 정도의 방사선을 쬐면 즉시 죽는답니다. 놀랍게도 데이노코쿠스 라디오두란스는 만Sv의 방사선을 쏘여도 죽지 않습니다. 방사능에 의해 파괴된 DNA를 24시간 안에 완벽하게 회복하는 능력 덕분이지요.

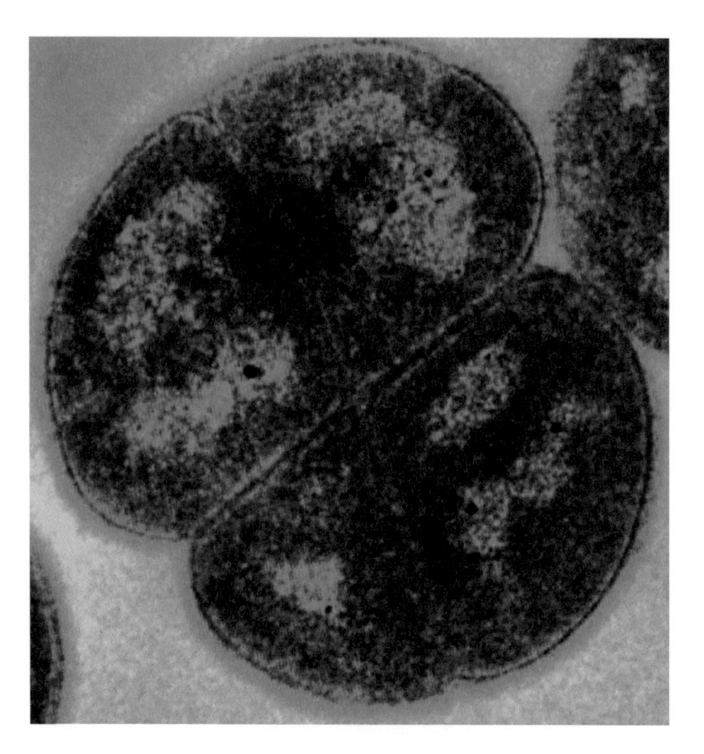

데이노코쿠스 라디오두란스.

2010년 12월 NASA는 비소 생명체 'GFAJ-1'에 대해 발표했습니다. 지구에 사는 생명체는 탄소, 수소, 질소, 산소, 황, 인 이렇게 여섯 원소를 기반으로 구성되어 있지요. 그런데 NASA가 공개한 비소 생명체는 인을 비소로 대체하고도 살 수 있는 생물이었습니다. 비소는 농약이나 살충제, 방부제 등을 만들 때 사용하는 독소입니다. 그런데 GFAJ-1이라는 박테리아는 이렇게 위험한 비소를 영양분으로 이용했지요. GFAJ-1이 발견된 미국 요세미티 국립공원 모노 호수는 비소가 너무 많아서 생물이 살 수 없는 곳이랍니다.[38]

이런 예는 완보동물이나 데이노코쿠스 라디오두란스, GFAJ-1 말고도 많이 있습니다. 화산 지대나 햇빛이 없는 깊은 바다, 강한 독성을 띠는 폐수 등 혹독한 환경에서 살아가는 생물을 극한 생물이라고 합니다. 바다 깊은 곳에는 열수구熱水口라고 해서 펄펄 끓는 물이 땅 밑에서 뿜어져 나오는 구멍이 있습니다. 이곳 온도는 최대 400℃까지 올라가고, 바닷속 깊은 곳이라 압력도 무척 높답니다. 그런 곳에서조차 생물이 살고 있지요. 바로 '피로로부스 푸마리'와 '스트레인 121' 같은 생물입니다. 바닷속 깊은 곳에 사는 미생물들은 햇빛 대신에 유황, 수소, 메탄을 화학적 에너지원으로 사용합니다.

이처럼 생명은 우리가 생각하는 것보다 훨씬 더 혹독한 환경에

---

38 다만 GFAJ-1은 학계에서 완전히 인정되진 않았습니다. GFAJ-1이 실제로 비소를 기반으로 한 생명체인지에 대해서는 아직 논란의 여지가 있답니다. 추가적인 연구가 더 필요해 보이지요.

서도 살아갈 수 있답니다. 극한 생물들에게 극한의 환경은 오히려 최적의 환경일 뿐입니다. 높은 온도에서 살아가는 생물들은 오히려 보통 온도에 갖다놓으면 살지 못합니다. 그들의 몸이 고온에서만 기능하도록 진화했기 때문입니다. 대부분의 극한 생물들은 혐기성입니다. 산소를 싫어한단 뜻이지요. 인간에게 없어선 안 될 산소가 극한 생물들에게는 오히려 해가 되는 거지요.

게다가 지구에는 우리가 존재조차 모르는 생물이 무수히 많습니다. 생물학의 아버지라 불리는 철학자 아리스토텔레스는 2,000년 전에 이 세상에 약 550종의 동물이 살고 있다고 주장했습니다. 이후 현대 생물 분류학의 선구자 칼 폰 린네Carl von Linné, 1707~1778는 약 8,500종의 식물과 4,200종의 동물이 있다고 했지요. 그러나 오늘날 우리는 150만 종의 생물종[39]을 확인했습니다. 생물학자들이 기록한 딱정벌레의 종류만 해도 50만 가지가 넘는답니다. 그런데 과학자들은 지금 우리가 알고 있는 생물종은 전체 생물종 가운데 10~20%에 불과하다고 추정합니다. 그러니까 아직도 우리는 지구 대부분의 생명체를 접해 보지 못한 거지요. 과학자들은 지구

---

39 지구에는 2,000만 종의 생물이 존재할 거라고 했지요. 여기서 종이 다르다는 것은 어떤 의미일까요? 생김새가 조금 다르다고 종이 다르다고 할 수는 없겠지요. 우선 같은 종으로 분류하려면 유전적으로 유사해야 합니다. 즉 유전자를 분석한 결과가 비슷하게 나와야 하지요. 또는 인위적으로 교배를 시켜 봐도 됩니다. 다른 종끼리는 교배를 시켜도 2세가 나오지 못하지요. 간혹 나오는 경우에도 그 2세가 새끼를 낳지 못한답니다. 예를 들어 사자와 호랑이를 교배시켜 나온 라이거나 암말과 수탕나귀를 교배시켜 나온 노새는 새끼를 낳을 수 없습니다. 따라서 사자와 호랑이, 말과 당나귀는 같은 종이라고 볼 수 없지요.

에 대략 2,000만 종의 생물이 존재할 것으로 봅니다.

극한 생물, 그리고 우리가 알지 못하는 더 많은 생물. 이런 측면에서 외계 생명체를 찾을 때도 인간 중심적인 시각에서 벗어날 필요가 있지 않을까요? 외계 생명체는 지구와 완전히 다른 환경에서 살아갈지 모릅니다. 마찬가지로 외계인의 키가 인간과 비슷하다거나 인간처럼 눈코입이 달리지 않을 수도 있습니다.

완보동물과 같은 생물들은 왜 지구에 자연적으로 존재하지 않는 우주의 강한 방사선과 진공 상태를 견딜 수 있을까요? 어쩌면 그 생물들의 조상이 우주에서 그와 같은 조건에서 살아남았다는 증거일지도 모릅니다. 가설이긴 하지만, 이런 생물들은 어쩌면 생명의 기원이 우주에서 비롯했을지도 모른다는 생각이 들게 합니다. 일부 생물들이 암석 등을 통해 행성 간 여행을 할 수 있는 건 분명하지요. 그렇다면 더 나아가 항성 간 여행도 가능할까요?

일반적으로 별들 사이의 거리는 행성 간 거리의 100만 배에 이릅니다. 그렇게 광활한 우주를 여행할 수 있는 생물은 없습니다. 엄청나게 오랜 시간 동안 진공과 우주 방사선을 견뎌야 하기 때문이지요. 그런데 다른 가능성이 있답니다. 우리 은하 안에서 태양계는 은하 중심 둘레를 계속 돌고 있지요. 우리 태양계가 궤도를 한 바퀴 돌려면 2억 2,500만 년이 걸리지요. 이때 여러 개의 거대한 성간 구름을 통과하게 됩니다. 성간 구름을 매개로 생물의 씨앗이 하나의 항성에서 다른 항성으로 옮겨 갈 수도 있겠지요. 과학적으로 증명되거나 확인되진 않았지만, 이론적으로 불가능한 얘기는 아닙니다.

★★ 태양계에서 생명체가 존재할 가능성이 높은 세 개의 위성 ★★

유로파 : 이오, 유로파, 가니메데, 칼리스토를 '갈릴레이 위성'이라고 부릅니다. 1610년 갈릴레이가 손수 만든 망원경을 이용해 최초로 발견했기 때문입니다. 목성에서 가까운 거리에 있는 순서지요. 갈릴레이 위성은 목성의 위성들 가운데 덩치가 가장 커서 먼저 발견됐지요. 유로파의 크기는 달보다 조금 작은 정도입니다.
1989년 발사된 갈릴레오호(갈릴레이 위성을 발견한 갈릴레이를 기리기 위한 이름)는 1995년에야 목성에 도착했습니다. 갈릴레오호의 가장 큰 업적은, 유로파의 표면을 덮은 얼음 밑에 거대한 바다가 존재할 가능성을 알아낸 것이랍니다. 유로파의 얼음 아래로 깊이가 무려 160km에 달하는 바다가 존재할 것으로 추정됩니다. 그렇다면 달보다 작은 이 위성에 지구보다 두 배 이상 많은 물이 존재하게 되지요. 유로파의 자기장 패턴을 분석해 보면, 유로파의 바다가 소금물로 이루어졌을 가능성이 높다고 합니다.
갈릴레오호는 2003년까지 목성 주위를 돌며 탐사하다가 수명이 다해 목성의 대기에 충돌하면서 임무를 마쳤습니다. 목성에 충돌시킨 이유는, 우주선이 목성의 위성들(특히 유로파)과 충돌해서 지구의 세균을 오염시킬 가능성을 미연에 차단하기 위해서였지요. 여기서도 과학자들이 목성의 위성들에 생명체가 존재할 가능성을 열어 두고 있음을 알 수 있답니다.

엔셀라두스 : 윌리엄 허셜(Frederick William Herschel, 1738~1822)이 발견한 토성의 위성입니다. 카시니호는 2004년 토성 궤도에 도착해 10년 이상 궤도를 돌고 있습니다. 카시니호는 지금까지 20번 이상 엔셀라두스를 스쳐 지나갔지요. 그때마다 엔셀라두스의 표면을 자세히 관측했답니다. 특히 2005년에는 엔셀라두스의 남극에

서 수증기 형태의 기체가 뿜어져 나오는 모습을 포착했습니다. 이를 통해 엔셀라두스에 바다가 있을 것으로 추측할 수 있었지만, 구체적인 증거가 없었지요.

그러다 2008년 카시니호가 다시 엔셀라두스에 접근했을 때 증거를 얻을 수 있었습니다. 당시 카시니호는 엔셀라두스의 남극 상공을 통과하고 있었는데, 수증기 형태의 기체에서 물 외에 메탄과 일산화탄소, 이산화탄소, 에틸렌과 프로필렌 등의 유기물이 함유되어 있는 것을 확인했답니다. 유기물은 생명체의 재료가 될 수 있지요. 물과 유기물 등이 존재하는 것으로 미루어 보아, 엔셀라두스 지하의 물속에 생명이 존재할 가능성이 있습니다.

타이탄 : 타이탄은 토성의 위성 가운데 제일 큽니다. 엔셀라두스보다 10배 정도 크지요. 타이탄의 대기권은 지구와 가장 흡사하답니다. 즉 질소가 풍부하고 메탄이 함유되어 있는, 두툼한 푸른 선을 갖고 있습니다. 화성이나 금성의 대기층이 이산화탄소로 이루어진 것과 대조적이지요. 타이탄의 대기권은 두께가 600킬로미터가 넘고, 밀도도 지구보다 4배나 조밀합니다. 그래서 타이탄의 모습이 뿌옇게 흐려 보이지요.

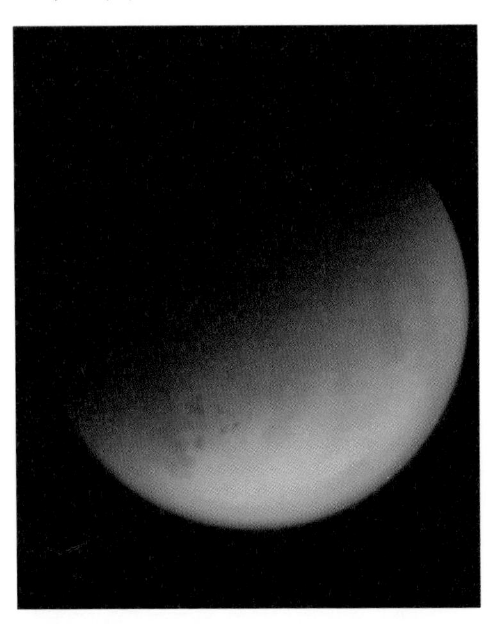

타이탄의 뿌연 대기 아래를 살펴보려면 대기를 뚫고 내려가야 합니다. 2005년 토성 탐사선 카시니호가 보조 탐사선 호이겐스를 타이탄으로 투하했습니다. 호이겐스는 카시니호에 실려 8년여 간의 긴 여정 끝에 타이탄에 착륙했지요. 호이겐스는 하강하면서 타이탄의 대기를 관측하고 사진을 촬영했습니다. 더불어 타이탄의 표면에 착륙해서도 주변 사진을 찍어 보냈지요. 놀랍게도 지표는 모래사막이나 크레이터가 가득한 풍경과 거리가 멀었답니다. 표면이 둥글게 깎인 돌들이 선명하게 보였지요. 흐르는 강에 닳은 것 같은 모습이었습니다. 그 후 과학자들은 호이겐스가 보내온 정보와 카시니호가 찍은 사진을 종합해 타이탄에 메탄 호수가 있다고 결론 내렸답니다. 지구의 대기에서 물이 순환하는 것과 똑같이 타이탄에서는 메탄이 순환한답니다. 타이탄에는 메탄 비가 내리고, 메탄 호수가 있답니다. 태양계에서 지구 말고 행성 전 표면에서 액체가 순환하는 유일한 천체인 것이죠.

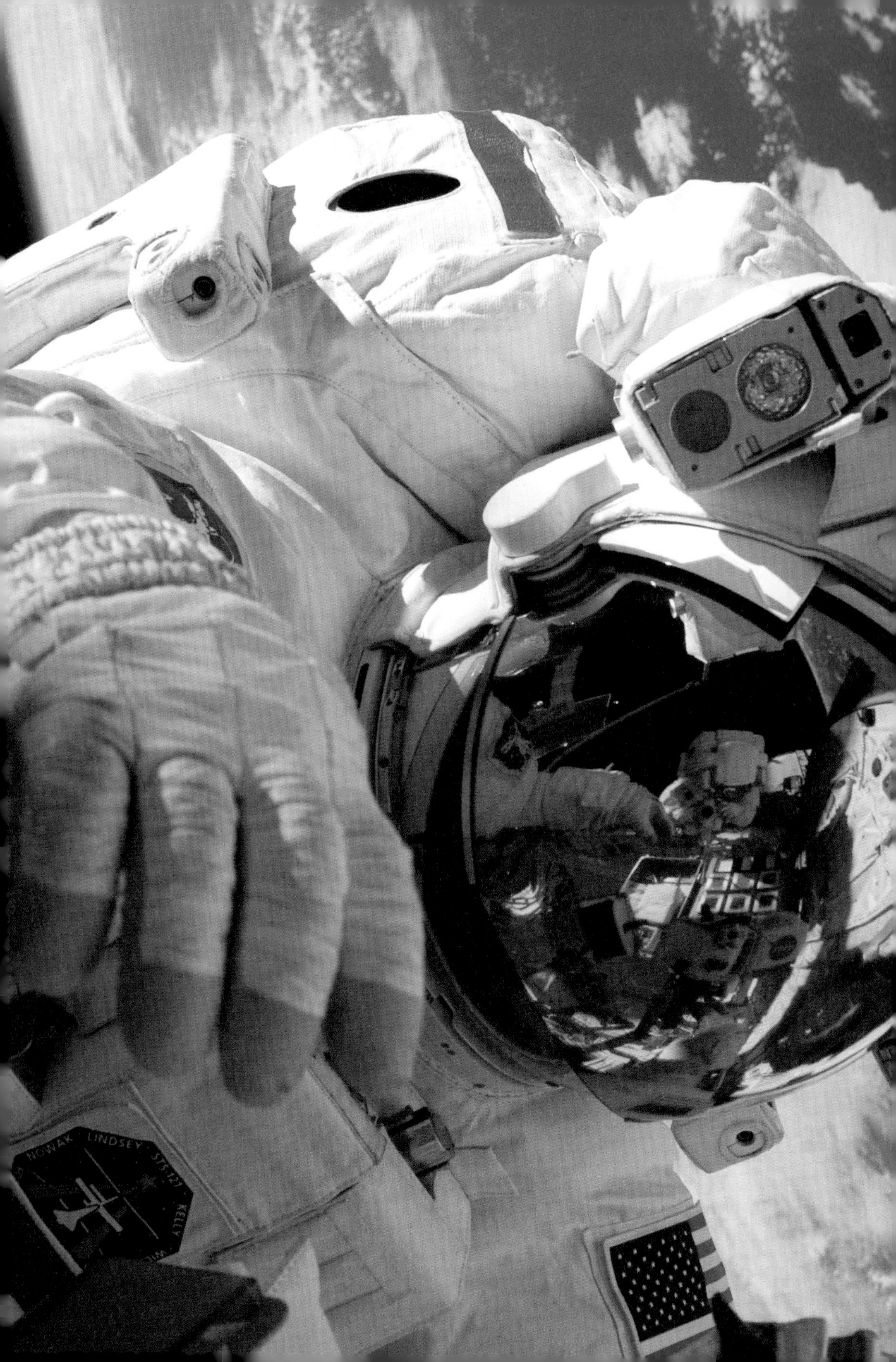
NOWAK
LINDSEY
STS-121
KELLY

8.

외계인은 정말 못생겼을까?

▶▶ 인공위성을 수리하는 우주인 피어스 셀러스.

외계인의 모습을 상상할 때도 우주적으로 하자

외계인 하면 떠오르는 이미지들이 있습니다. UFO며 커다란 눈과 커다란 머리……. 사실 머릿속에 떠오르는 이미지는 모두 우리가 상상한 것일 뿐입니다. 실제로 외계인이 있다 해도, 우리가 상상한 모습과 일치할 확률은 거의 없습니다. 친구와 함께 각자 머릿속에 아무거나 상상해 봅시다. 그리고 각자가 상상한 내용을 동시에 말해 보는 겁니다. 친구가 상상한 것과 내가 상상한 것이 일치할 확률은 0에 가깝습니다.

외계인도 마찬가지랍니다. 우리가 상상하는 외계인의 모습이 진짜 외계인[40]의 모습과 같을 확률은 거의 없습니다. 우리가 상상하는 외계인의 모습은 책과 영화를 통해서 반복적으로 보아 온 모습이랍니다.

종이를 한 장 꺼내서 여러분 머릿속에 떠오르는 외계인의 모습을 한번 그려 보세요. 그리고 외계인의 크기를 가늠하기 위해 그

---

40 오늘날 영화 속 외계 생물은 크게 두 가지 모습으로 나타납니다. 한 가지가 지적인 존재로서 인간과 교류하는 모습이라면, 다른 한 가지는 난폭한 존재로서 인간 세계를 파괴하는 모습입니다. 지적인 존재로 등장할 때는 대체로 인간과 비슷한 외모를 하고 있습니다. 공통으로 커다란 머리, 사람과 비슷한 자리에 있는 이목구비, 두 팔과 두 다리 등을 가지고 있지요. 반면에 지구를 공격하는 외계 생명체는 인간의 모습과 완전히 다릅니다. 덩치도 위협적일 정도로 크고, 외형도 괴물처럼 끔찍하지요.

옆에 사람을 한 명 그려 볼까요?

어떤가요? 외계인과 사람을 거의 같은 크기로 그리지 않았나요? 약간 크게 그리거나 작게 그려도 마찬가지일 거예요. 사람의 두 배가 넘거나, 사람의 반밖에 안 될 정도로 그리진 않았을 테니까요.

외계인의 덩치는 정말 인간 정도일까요? 그럴 가능성보다 아닐 가능성이 훨씬 높습니다. 그런데 우리는 왜 그렇게 상상한 걸까요? 대개 영화 속에서 본 외계인이 그 정도 크기였기 때문이지요. 그렇다면 영화를 만든 사람은 왜 외계인을 그 정도로 설정했을까요? 아마도 주인공과 외계인을 한 화면 안에 담으려고 그런 건 아닐까요? 그래야 주인공과 대화하거나 행동하는 모습을 카메라에 잘 담을 수 있을 테니까요.

영화 〈ET〉의 외계인이 대표적입니다. ET는 어린아이 키만 합니다. 그래서 어린아이랑 입도 맞추고 손가락 인사도 나눌 수 있답니다. 물론 〈우주 전쟁〉, 〈퍼시픽 림〉 등 거대한 외계 생명체의 지구 침공을 다룬 영화들도 있습니다. 이는 컴퓨터그래픽과 제작 기술이 발전한 덕분입니다. 그렇게 본다면 과거의 SF 영화들은 기술적 한계 때문에 외계인을 크게 만들지 못한 걸 수도 있겠네요. 어쨌든 우리의 상상은 우리의 경험에서 비롯합니다. 과거에 우리가 본 모습이 우리의 상상에 반영되는 것이죠.

지구에 사는 생물만 1,000만 종이 넘습니다. 그 생물들의 크기도 천차만별입니다. 40억 년에 걸친 무수한 우연이 생물의 다양성을 만들어 왔지요.[41] 이처럼 지구의 생물도 가짓수가 많고 크기가 다양한데, 외계 생물은 어떻겠습니까? 외계 행성에서도 수많은 우연 속에서 생물이 진화했을 겁니다. 외계 행성에서 벌어지는 우연적 사건들이 지구와 같을 수는 없습니다. 당연히 생물의 다양성도 지구와 다를 수밖에 없을 거예요. 외계인의 생김새가 지구인과 다를 수밖에 없는 이유랍니다.

예를 들어 외계인이 자기가 사는 행성에서 포식자일 수도 있고, 우리의 식물과 같은 종류만 먹는 채식 동물일 수도 있겠지요. 각각의 조건에 따라 외계인의 외형은 달라질 수밖에 없습니다. 만약 외계인이 다른 생물을 먹는 포식자라면 눈이 앞쪽에 달려 있을 수 있겠지요. 여우와 늑대, 사자 등과 같은 포식자가 먹이까지의 거리를 쉽게 판단하기 위해 눈이 얼굴 앞쪽에 달린 것과 마찬가지로요. 반면에 식물만 먹는 존재라면 사슴이나 토끼처럼 항상 주변을 경계하며 포식자의 출현을 판단해야 하기 때문에 눈이 얼굴의 양쪽에 달려 있겠지요.

여기에서 우리는 외계인도 눈이 있을 거라 가정하고 얘기했습니다. 사실 이 부분도 다시 생각해 볼 수 있을 거예요. 눈이 없는 외계인도 가능할 테니까요. 다만 어떤 생물이든 외부의 환경을 감지하는 감각 기관은 반드시 있어야 합니다. 그렇지 않다면 외부 환경에 적절히 대응해 생존할 수 없을 테니까요. 그런 의미에서 어떠한 종류의 감각 기관은 분명 있을 겁니다. 인간에게는 시

41 이 장에 있는 〈외계인도 우리처럼 진화하고 있을까?〉

각이 가장 대표적이지요. 물론 인간에게 익숙한 오감 말고도 다른 감각을 이용할지도 모릅니다.

당연히 외계인의 크기도 짐작하기 어렵습니다. 흰긴수염고래처럼 클 수도 있고 미생물처럼 작을 수도 있습니다. 가장 큰 흰긴수염고래가 33*m* 정도인데, 흰긴수염고래보다 훨씬 클지도 모릅니다. 아니면 우리가 상상할 수 없는 엄청난 크기일 수도 있습니다. 여러분이 사는 마을이나 동네보다 더 클지도 모르지요. 반대로 개미보다 더 작을 수도 있고요. 어쨌든 우리가 상상하는 외계인의 모습은 실제 외계인과는 별다른 공통점이 없을 거예요.

우리가 외계인을 떠올릴 때 당연히 가정하는 두 팔과 두 다리를 지닌 모습도 전형적인 인간의 모습이지요. 지구에서 두 다리로 이동하는 동물은 진화한 수억 종 가운데, 오직 한 계통뿐입니다. 바로 영장류입니다. 조류 같은 경우에도 다리가 둘인 것으로 볼 수 있지만, 전형적인 이동 수단은 다리가 아니라 날개입니다. 그러니까 포유류와는 성격이 완전히 다르지요. 지구에서도 오직 영장류만이 두 다리로 걷도록 진화했는데, 저 멀리 우주에서 온 외계인이 인간과 똑같은 방식으로 진화할 수 있을까요?

설사 외계인의 모습을 인간처럼 가정하지 않는다 해도 일정한 정형성을 벗어나지는 못합니다. 가령 좌우 대칭은 어떨까요? 〈ET〉, 〈화성 침공〉, 〈에이리언〉, 〈맨 인 블랙〉, 〈인디펜던스 데이〉……. 대부분의 SF 영화에 등장하는 외계인이나 외계 생명체는 좌우대칭의 형태를 띠고 있습니다. 하지만 이건 어디까지나 지구적 관점에서 생명을 이해하고 있는 거지요.

곤충, 어류, 양서류, 파충류, 조류, 포유류…… 지구 생물 대부분의 모습은 좌우대칭입니다. 그것은 우리 조상들이 수생 동물이었다는 것을 암시합니다. 즉 물속에서 진화한 결과지요. 좌우대칭은 포식자를 피해 도망가고 먹이를 빨리 잡는 데 필요한 유선형 신체를 만드는 효과적인 방법이기 때문입니다. 특히 좌우대칭 생물은 성게나 불가사리처럼 바위 등에 붙어서 움직이는 정착성 방사대칭형 생물보다 움직임이 훨씬 빠르지요. 만약 외계인이나 외계 생명체가 우리처럼 물속에서 진화했다면 좌우대칭일 확률이 높지만, 그렇지 않다면 굳이 좌우대칭일 이유는 없답니다.

외계인도 우리처럼 진화하고 있을까?

사탄나뭇잎꼬리도마뱀. 아프리카 대륙 동쪽에 있는 마다가스카르 섬에 서식하는 도마뱀의 일종으로 의태가 뛰어나서 발견하기 어렵다. 최근에는 무분별한 환경 파괴 및 삼림 훼손으로 서식지가 많이 파괴되어서 관심이 필요한 생물이다.

이것은 앞다리와 뒷다리가 있고 꼬리가 달린 도마뱀의 사진입니다. 이처럼 동물이나 곤충의 위장의태擬態은 신기합니다. 신기하다 못해 '동물들이 의식적으로 행동하는 걸까? 정말 신이 존재해 저렇게 만든 건 아닐까?' 하는 생각이 들 정도입니다. 위장은 우연과 시간이 빚어낸 작품이랍니다. 우리 눈에는 주변 환경과 비슷한 생물의 외형만 보입니다. 그러나 그 모습이 나오기까지 생물은 수많은 돌연변이와 우리가 상상할 수 없는 시간을 통과했지요.

모든 생물은 자신과 닮은 모습의 자손을 남깁니다. 그러나 부모와 자손이 완전히 똑같지는 않지요. 이렇게 개체 간에 서로 다른 특성을 유전변이라고 합니다. 일반적으로 유전변이는 부모의 유전자가 결합하면서 발생하지요. 쉽게 말해 A라는 아빠와 B라는 엄마가 만나면 자식은 AB의 모습을 갖게 됩니다. 당연히 AB는 A와도 똑같지 않고 B와도 똑같지 않지요. 하지만 유전변이 중에서는 부모에게서 물려받는 것이 아니라, DNA의 변화로 발생하는 완전히 새로운 변이도 있습니다. 이를 돌연변이라고 하지요.

19세기 말 네덜란드의 식물학자이자 유전학자인 휘호 더프리스Hugo Marie de Vries, 1848~1935가 큰 달맞이꽃에서 발견한 유전적 별종에 대해 '돌연변이'라는 단어를 처음 사용했습니다. 더프리스는 보통의 달맞이꽃을 재배하다가 꽃잎이 매우 큰 달맞이꽃을 발견했지요. 그 씨앗을 받아 재배했더니 다음 대에 유전되어 더 큰 꽃을 피웠습니다. 그 후 1910년에 미국의 생물학자 토머스 모건Thomas Hunt Morgan, 1866~1945이 초파리에서 흰 눈의 돌연변이를 발견했고, 그의 제자 밀러가 초파리에 엑스선을 쪼여 인위적으로 돌연변이를 발생시키기도 했습니다. 이들의 연구는 유전학 발전에 크게 공헌했습니다.

이제 돌연변이의 원리에 대해서 살펴볼까요? 우리 몸은 세포로 이루어져 있습니다. 각각의 세포 안에는 핵이 들어 있지요. 핵 안에는 염색체라는 게 있습니다. 염색체란 말 그대로 염색되는 물체라는 뜻이지요. 현미경으로 세포를 관찰할 때 알아보기 쉽게 세포를 염색하는데, 염색체가 색소를 흡수해서 색깔이 나타나기

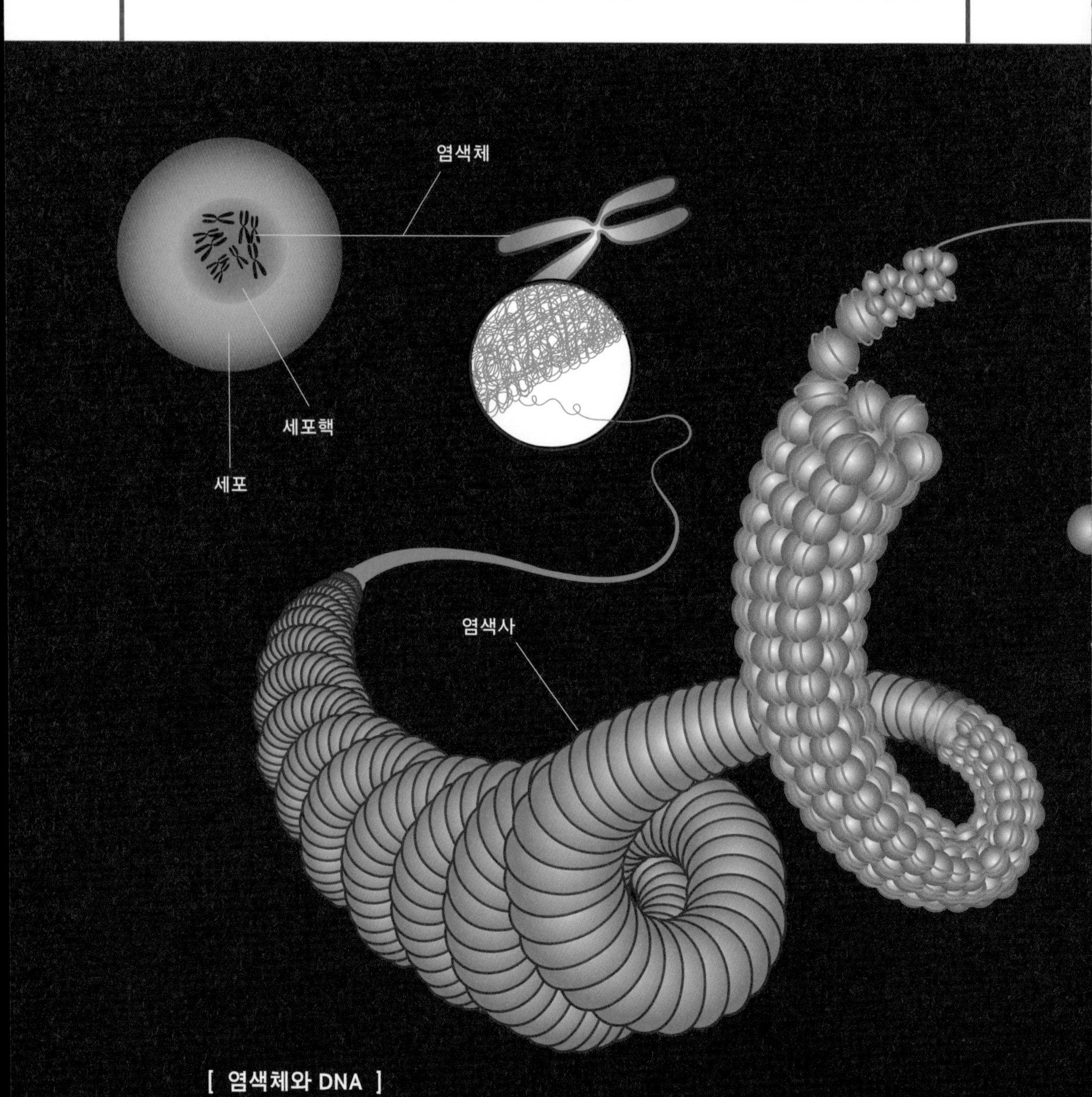

[염색체와 DNA]

때문에 붙여진 이름이랍니다. 이 염색체를 이루고 있는 이중의 나선 고리를 DNA라고 부르지요.

DNA의 이중나선을 다시 확대하면 두 고리 사이에 사다리처럼 막대가 가로놓여 있습니다. 이 작은 막대들을 염기라고 부릅니다. 이 염기는 분자 구조에 따라 아데닌A, 구아닌G, 시토신C, 티민

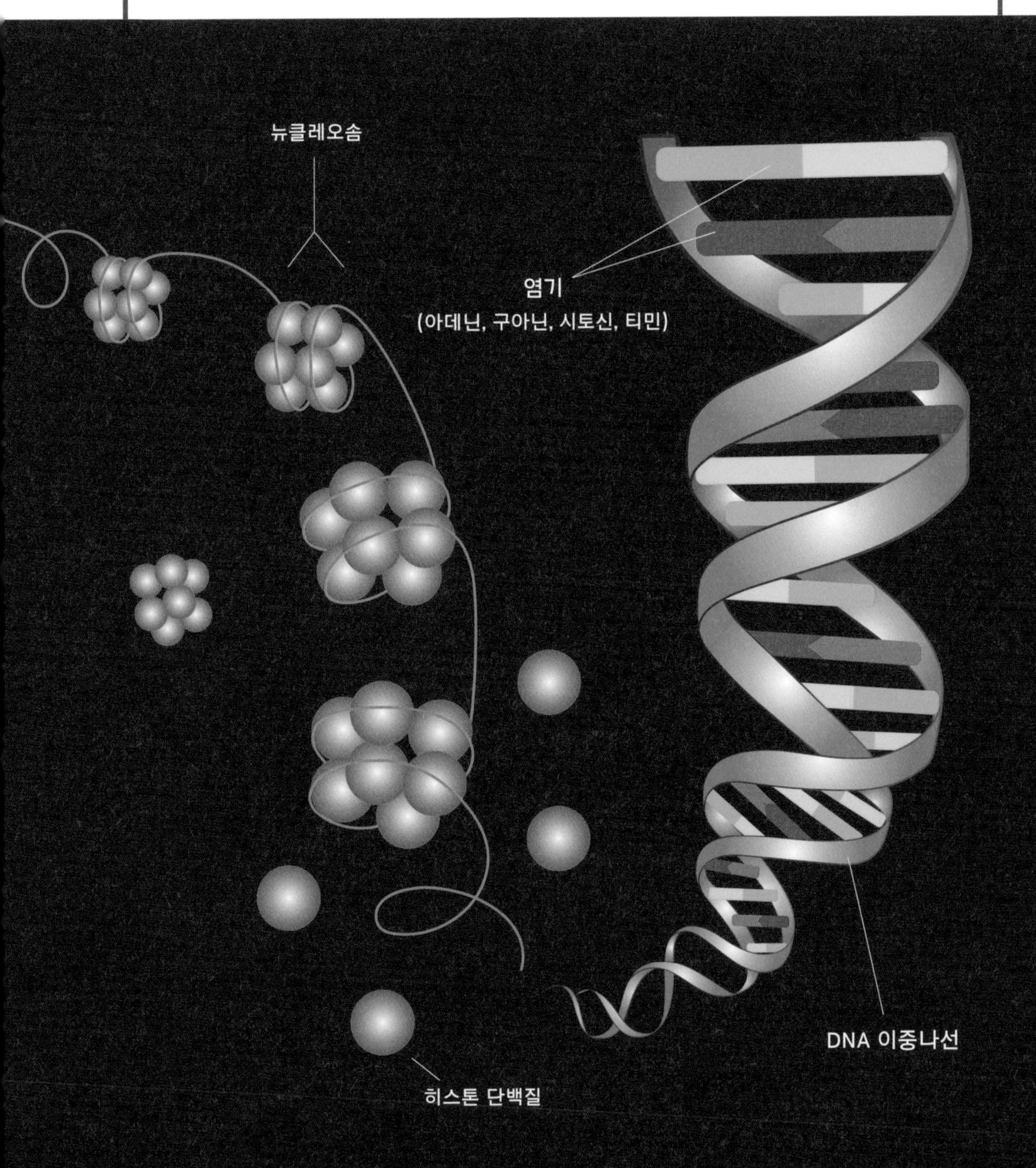

T으로 구성되지요. 신기한 것은 아데닌은 언제나 티민과 붙고, 구아닌은 언제나 시토신과 붙는다는 점입니다. 흔히 말하는 유전자는 DNA가 배열된 방식, 즉 염기들이 배열된 방식을 가리킨답니다.[42] DNA는 A, G, C, T의 염기들로 이루어진 일종의 생명 지도입니다. 우리 몸의 구성이라든가 생김새 등에 대한 정보가 모두 기록되어 있지요.

여러분의 DNA는 엄마의 DNA와 아빠의 DNA가 반반씩 만나서 결합한 결과랍니다. 더 정확히는 DNA가 담긴 염색체가 반반씩 섞였지요. 그래서 여러분에게는 엄마를 닮은 부분도 있고 아빠를 닮은 부분도 있습니다. 그렇다면 형제자매는 왜 다를까요? 똑같은 부모에게서 반반씩 염색체를 얻었는데 말이죠. 그 이유는 부모의 염색체를 반반씩 물려받은 것은 맞지만, 자식마다 다른 유전 정보가 전달되기 때문이랍니다.

돌연변이가 지켜 준 생명다양성

돌연변이는 DNA에 아주 작은 손상이 발생하면 생겨나지요. DNA를 복제하는 과정에서 실수가 발생해 돌연변이가 생기기도 하지만, 이런 일은 100만 번의 DNA 복제 중에서 한 번 발생할 정

---

42 지구에 알려진 모든 생명은 네 개의 염기로 구성되어 있답니다. 즉 유전자의 관점에서 보자면 인간은 다른 생물들과 비교해 하나도 특별하지 않지요.

도로 드물게 일어납니다. 물론 한 세대 안에서는 드물지만, 오랜 진화의 시간 동안에는 수없이 많이 일어났겠지요. 또한 우주에서 날아오는 우주선도 DNA의 돌연변이와 관련되는 듯합니다. 이때 말하는 우주선은 외계인이 타고 다니는 우주선宇宙船이 아니라 광선이란 뜻의 우주선宇宙線입니다. 태양에서 나오는 방사능 입자나 자외선 광자처럼 우주에서 지구로 떨어지는 입자들의 총칭이지요. 원자력 방사능에 노출된 사람들이 나중에 기형아를 낳는 것도 이런 이유 때문이에요.

돌연변이가 어떻게 생겨나는지, 쥐를 예로 살펴볼까요. 쥐의 경우 검은색 털을 유발하는 돌연변이가 발생할 확률이 약 $\frac{1}{2,500\text{만}}$이라고 합니다. 굉장히 낮은 확률이지요. 수치만 보면 거의 일어나지 않을 것 같습니다. 그러나 여러 마리를 기준으로 보면 이야기가 달라집니다. 쥐는 대략 만 마리에서 10만 마리가 한 개체군을 이루고 살지요. 또한 1년에 두세 차례, 한 번에 둘에서 다섯 마리의 새끼를 낳습니다. 그러니까 이 개체군의 암컷들은 1년에 넷에서 열다섯 마리 정도의 새끼를 낳겠지요.

평균 다섯 마리를 낳는다고 가정해 보겠습니다. 개체 수도 최소인 만 마리라고 해 봅시다. 그 가운데 절반이 암컷이라면 새로 태어나는 새끼는 5,000마리에 5를 곱해서 2만 5,000마리가 되겠지요. 여기에 검은색 털이 발생할 확률을 곱하면 $\frac{1}{1,000}$이라는 결과가 나옵니다. 즉 1,000년에 한 번은 검은색 돌연변이가 탄생할 수 있다는 거예요. 만약 개체 수를 10만 마리로 잡는다면 100년에 한 번씩 나오겠지요. 생물이 진화해 온 수천만 년 혹은 수억 년의 시간 동안 얼마나 많은 돌연변이가 나타났을지 짐작이 되지요?

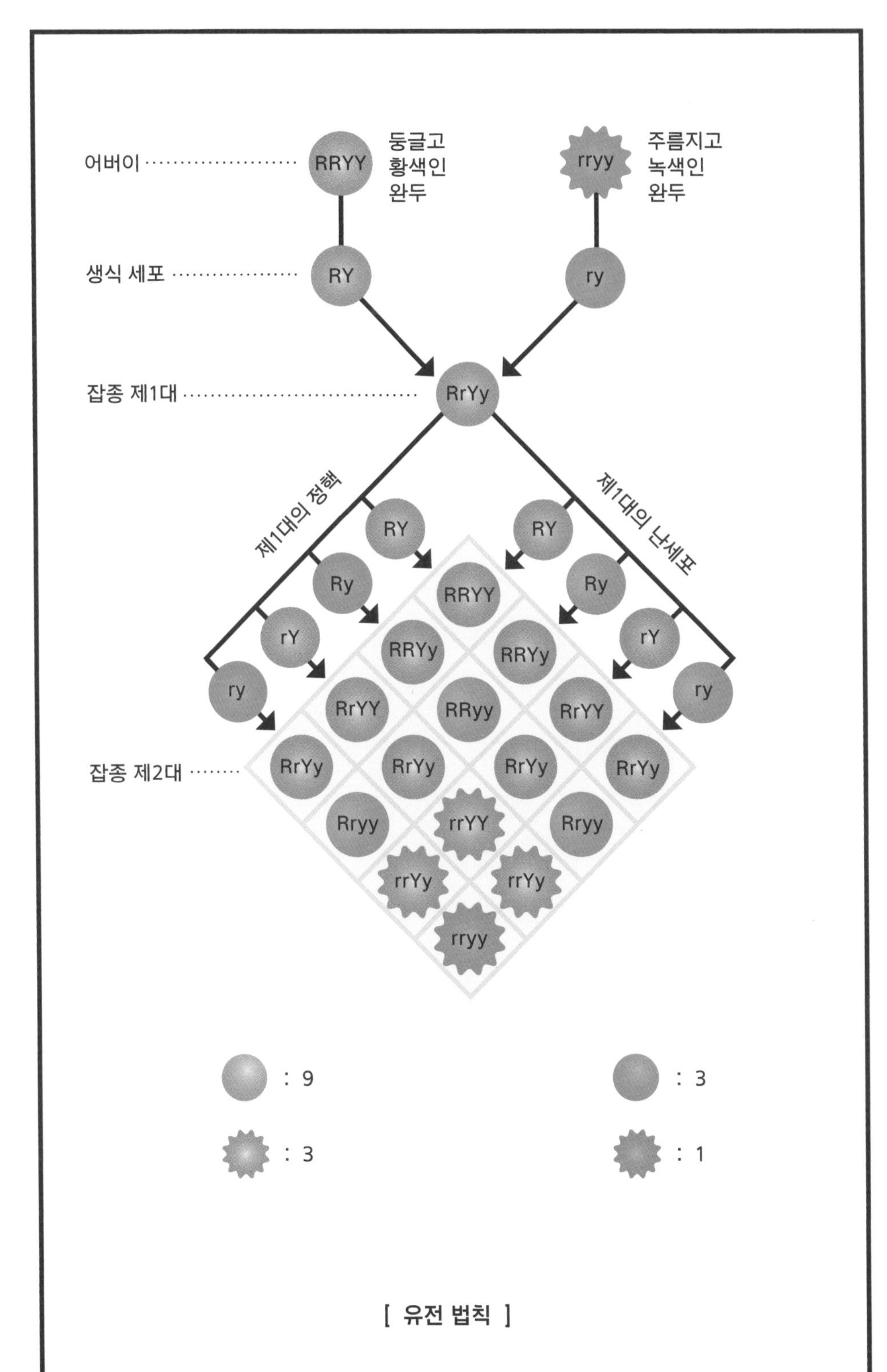
어버이
RRYY
둥글고
황색인
완두
rryy
주름지고
녹색인
완두
생식 세포
RY
ry
잡종 제1대
RrYy
제1대의 정핵
제1대의 난세포
RY
Ry
rY
ry
RRYY
RRYy
RRYy
RrYY
RRyy
RrYY
잡종 제2대
RrYy
RrYy
RrYy
RrYy
Rryy
rrYY
Rryy
rrYy
rrYy
rryy
: 9
: 3
: 3
: 1

[유전 법칙]

돌연변이는 대부분 해당 생물에게 해가 없지만 일부는 치명적입니다. 그리고 우연히 생물에게 큰 강점을 안겨 주는 돌연변이도 있답니다. 바로 천적으로부터 자신을 더 잘 보호할 수 있는 돌연변이지요. 그런 녀석들이 그렇지 못한 녀석들보다 더 많이 살아남아 세대를 이어가지요. 가령 변이로 파란색 여치가 태어났다고 합시다. 얼마 못 가서 천적에게 잡아먹히지 않겠어요? 그런데 우연히 주변의 나뭇잎과 비슷한 돌연변이 여치가 태어난다면, 이 녀석은 천적들로부터 자신의 목숨을 잘 보존하고, 더 많은 종족을 남길 수 있을 거예요.

우리는 일반적으로 돌연변이를 부정적으로 생각합니다. 돌연변이 하면, 기형적인 몸과 괴물 같은 얼굴을 떠올리지요. 그리고 그런 것들을 비정상이라고 생각합니다. 하지만 본질에서 정상이나 비정상은 없습니다. 평균적으로 많이 존재하는 신체나 외형이 있을 뿐이랍니다. 자연의 눈으로 보면 비정상은 애초에 없답니다. 유전자의 관점에서 굳이 정상과 비정상을 나눈다면, 생물의 형태나 모양 등의 차이가 아니라 번식 유무가 되겠지요. 유전자의 관점에서 생물의 존재 이유나 목적은 유전자의 보존과 지속인데, 번식이 불가능한 개체는 이러한 목적에 반할 테니까요. 지구에 존재하는 2,000만 종의 생물은 모두 유전변이의 결과랍니다. 유전변이가 생물의 다양성을 낳았지요.

수십 년의 짧은 관점에서 보면 이런 일이 어떻게 일어날까 싶기도 하겠지만, 진화의 과정은 아주 오랫동안 진행됐답니다. 짧아도 수만 년, 길게는 수억 년입니다. 인간만 해도 거의 500만 년이라는 시간이 빚어낸 작품이지요. 우리가 짐작하기도 어려운 긴 시간입니다. 그 긴 시간 동안 무수한 변이가 생겨나고 사라지죠. 생물은 세대를 거듭하며 다양한 변이를 만들어 낸답니다.

다양한 색깔의 토끼풀 꽃. 돌연변이가 나타나지 않는다면 이렇게 다양하고 아름다운 색깔의 꽃을 볼 수 없을 것이다.

일례로 2만 년 전까지 지구에는 개가 존재하지 않았답니다. 그 때부터 떠돌아다니던 인류는 정착 생활을 시작했어요. 그리고 인류는 농사를 짓기 시작했지요. 가축도 길렀어요. 그중에는 늑대도 있었답니다. 인간과 마주친 늑대의 혈중 스트레스 호르몬 수치는 가파르게 치솟습니다. 그래서 늑대는 인간에게 쉽게 다가오지 못하지요. 그런데 일부 늑대는 유전변이로 인해 그 호르몬 수치가 낮았답니다. 사람을 덜 두려워했던 거지요. 인류는 그런 늑대를 데려다 키웠답니다. 개는 '카니스 루프스 파밀리아리스'라는 늑대의 후손이지요.

늑대는 안정된 식사와 자유를 맞바꾸지요. 인류는 주인을 무는 개는 제거하고, 말을 잘 듣는 개만 번식시켰답니다. 여러 세대를 거쳐 야생의 늑대는 온화한 개로 변해 갑니다. 인류는 그렇게 늑대를 개로 길들였습니다. 이를 인위선택이라고 부릅니다. 생물의 특정한 형질만을 선별하여 교배하고 품종을 개량하는 것이지요. 늑대에서 개로 진화한 것은 약 만 5,000년 동안 진행된 인위선택의 결과랍니다. 인간이 만 5,000년 동안 해 온 이 일을, 하물며 자연이 수천만 년 동안 하지 못할 이유가 없지요. 자연은 아주 오랜 시간 동안 아주 많은 생물종을 분화시켜 왔습니다. 지구에는 거의 2,000만 종의 생물이 존재하지요.

더 짧은 기간에 이루어지는 인위선택도 있습니다. 품종을 개량하는 육종가들이 하는 일은 모두 인위선택에 해당됩니다. 여러분이 좀 더 부드러운 육질의 고기를 얻기 위해 돼지의 품종을 개량한다고 생각해 봅시다. 어떻게 해야 될까요? 일단 돼지들을 똑같은 조건에서 길러야 합니다. 그런 다음 그중에서 가장 육질이 부드러운 암수 돼지를 골라 교배시켜서 새끼를 여러 마리 얻지요. 이렇게 얻은 새끼들을 다시 똑같은 조건에서 길러서 그중에서 가장 육질이 부드러운 돼지를 또 골라내지요. 이와 같은 과정을 몇 세대 걸치면 여러분은 육질이 아주 부드러운 돼지고기를 얻을 수 있답니다.

인간이 의도적으로 개입하지 않은 인위선택의 사례도 있습니다. 자연선택을 설명할 때 자주 언급되는 후추나방의 사례인데요. 후추나방은 원래 흰색 바탕에 검은색 작은 반점이 후추처럼 뿌려져 있는 나방입니다. 산업혁명 이후 1900년대의 영국에서는 공기가 오염되면서 나무에 자라는 이끼가 죽고 대신 나무껍질에 검댕이가 자리 잡기 시작했지요. 그러자 대도시를 중심으로 흰 나방이 줄어들고 검은 나방이 늘어났습니다. 검은색으로 변한 나뭇가지에 붙어 있던 흰 나방은 새들의 먹이가 되기 쉬웠고, 검은 나방은 변화된 환경에서 보호색 효과 덕분에 생존할 수 있었지요.

후추나방.

그런데 1960년대부터 영국 정부가 시행하기 시작한 대기 오염 방지법은 상황을 180도 뒤집어 버리지요. 가령 19세기 말 맨체스터의 경우, 100마리 중 99마리가 검은 나방이었으나 상황이 점차 역전되기 시작했습니다. 서서히 검은 나방보다 흰 나방의 개체 수가 늘어나기 시작했답니다. 나무들이 원래 색깔을 회복하기 시작하자 이번에는 검은 나방들이 눈에 쉽게 띄어 새들의 먹이가 됐지요. 그래서 현재 영국에서는 검은 나방과 흰 나방의 분포가 거의 산업혁명 이전으로 회복됐습니다.

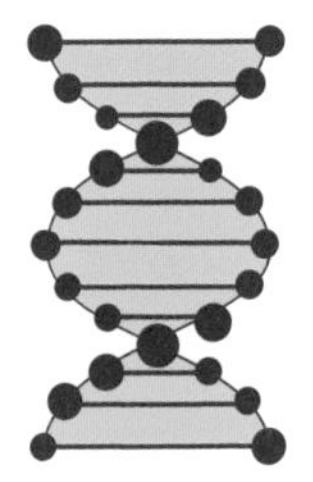

9.

어쩌면 외계인은 지구에 다녀갔을지도 몰라

UFO는 외계인의 우주선일까?

우리는 외계인 하면 UFO를 떠올립니다. 그만큼 UFO는 외계인이 존재한다는 증거로 자주 거론되지요. '비행접시'라는 표현이 처음 사용되기 시작한 1947년 이래 UFO 목격 사례는 대략 100만 건에 이른다고 합니다.

자가용 비행기를 운행하던 케네스 아널드는 윈편에서 아홉 개의 금속성 비행 물체가 시속 1,000마일시속 약 1,600㎞이 넘는 속도로 날았다고 증언했습니다. "흔들리는 보트 같기도 하고 연 꼬리 같은 것이 마치 접시를 물 위에 던진 것처럼 빠르게 움직였다." 비행접시라는 말이 탄생한 순간이었지요.

UFO는 말 그대로 확인되지 않은 비행 물체Unidentified Flying Object, 즉 미확인비행물체를 뜻할 뿐이지요. 실제로 UFO에 외계인이 타고 있다는 증거는 없습니다. 하지만 이제부터는 UFO를 외계인의 우주선으로 가정하고 이야기하겠습니다.

1947년 아널드의 보고 후 여기저기에서 비행접시를 보았다는 이야기가 줄을 이었습니다. 미 공군은 1948년부터 조사에 착수해 1969년 〈콘던 보고서〉라는 공식 보고서를 남겼습니다. 이 보고서는 UFO가 지구 외부에서 날아왔다는 논의를 부정했지요. 하지만 UFO에 대한 관심은 수그러들지 않았답니다. 1946년부터 1960년대 중반까지는 UFO에 대한 목격담이 줄을 이었는데, 1960년대 중반 이후부터는 UFO에 납치됐다는 이야기로 바뀝니다.

어떤 이들은 고대 문명이나 서적에서 UFO의 흔적을 찾을 수 있다고 생각합니다. 성서에도 UFO나 외계인을 연상시키는 구절이 다수 나옵니다. "북쪽에서 폭풍이 불어오는데, 큰 구름이 밀려오고, 불빛이 계속 번쩍이며, 그 구름 둘레에는 광채가 나고, 그 광채 한가운데서는 불 속에서 빛나는 금붙이의 광채 같은 것이 반짝였다. 그러더니 그 광채 한가운데서 네 생물의 형상이 나타나는데, 그들의 모습은 사람의 형상과 같았다."[43]

예수가 탄생하기 1450년 전에도 비슷한 기록이 있지요. 이집트의 파라오 투트모세 3세의 문헌에는 "크기가 5*m*쯤 되는 둥그런 불이 태양보다 밝은 빛을 발하면서 며칠 동안 상공에 떠 있다가 하늘 저편으로 사라졌다"는 기록이 등장합니다.

저는 UFO에 대해서 상당히 비판적으로 이야기할 겁니다. 무조건 UFO를 부정하기 위해서는 아닙니다. UFO에 대해서 합리적으로 생각해 보자는 의미에서 여러 의문과 비판을 제기하는 거랍니다. 앞에서 우리가 열심히 찾아본 대로 우주에는 진보한 외계 문명이 분명 있을지도 모릅니다. 그러나 그들이 UFO를 타고 지구를 방문할지에 대해서는 회의적입니다. 왜 그런지 하나하나 따져보도록 하겠습니다.

우선 외계인이 타고 있는 UFO가 우리 눈에 띄는 것 자체가 이상합니다. 만약 UFO가 이륙하거나 착륙하는 게 아니라면 지상

---

43 에스겔 1장 4~5절.

가까이 내려오는 이유가 뭘까요? 사람들을 좀 더 자세히 관찰하기 위해서는 아닌 것 같습니다. 생각해 보세요. UFO를 타고 먼 우주를 날아왔다면 우리보다 과학기술이 몇 배는, 아니 몇십 배는 앞서 있을 겁니다. 우리의 현재 과학기술로도 위성에서 땅 위의 사람들을 선명하게 확인할 수 있습니다. 그렇다면 사람들을 자세히 보기 위해서 지상까지 내려온 건 아닌 듯합니다.

그렇다면 우리에게 자신의 존재를 알리고 싶어서 내려온 걸까요? 하지만 이것도 완벽하게 설명이 안 됩니다. 인류에게 자신의 존재를 알리고 싶다면 공식적으로 자신의 정체를 밝히면 됩니다. 그러나 외계인은 언제나 몰래 지구를 찾을 뿐입니다. 100만 건의 목격 사례와 방문 횟수가 일치한다고 보면, 외계인이 이미 100만 번 이상 지구를 찾았다는 결론이 나옵니다. 그 정도면 몰래가 아니라 자기 집 안방 드나드는 수준이지요. 2012년 켈턴 리서치가 1,114명을 설문 조사한 결과, 응답자 열 명 중의 한 명이 UFO를 목격했다고 응답했습니다.

외계인이 지상에 내려와 우리에게 정식으로 인사하고, 우리의 지도자들을 만나지 않는 이유는 뭘까요? 인류에게 충격과 혼란을 주고 싶지 않아서일까요? 외계인이 인류가 받을 충격을 걱정해 준다는 것도 앞뒤가 맞지 않는 것 같습니다. UFO의 출현 자체가 우리에게는 더없는 혼란을 주고 있으니까요. 게다가 이미 100만 번이나 들켰으니 충격과 혼란이 적다고는 결코 말할 수 없겠네요.

검증할 수 있어야 UFO지

그렇다면 UFO는 인간 몰래 이착륙을 하고 있던 걸까요? 이것도 명쾌하게 설명이 안 됩니다. UFO 사진이 하나같이 하늘을 날아다니는 UFO만을 담고 있기 때문입니다. 이착륙 과정에서 지상 가까이에 있는 거라면, 지상에 착륙하거나 지상에서 막 이륙하는 UFO의 모습도 찍힐 만합니다. 그러나 그런 장면을 찍은 사진이나 영상은 없습니다. 수많은 사진과 영상이 공중을 날아다니는 UFO만을 담고 있지요.

가장 중요한 것은 수많은 사진과 영상이 있지만, 어느 것 하나도 선명하지 않다는 점이에요. 하나같이 흐릿하고 흔들린 모습뿐이지요. 제대로 검증할 수 없는 증거들뿐이랍니다. 목격담도 마찬가지예요. 모든 목격담이 나쁜 의도를 가지고 조작된 것은 아닐 거예요. 그중 어떤 이는 분명 자신이 본 것을 거짓 없이 증언했을 수도 있습니다. 그러나 그 목격담이 다시 확인될 수 없다는 데에 문제가 있습니다. 그런 의미에서 그들이 본 것은 자기 눈에만 보이는 것일지도 모릅니다. UFO의 존재를 증명하기 위한 증거라면 객관적인 검증이 가능해야 할 텐데 애초에 검증 자체가 어려운 거죠. 검증할 수 없는 증거는 증거가 아닙니다.

"지구 밖에도 생명은 있다. 그러나 외계인의 방문은 우리 모두가 알 수 있는 더욱 분명한 형태로 이뤄질 것이다."

호킹이 한 말입니다.

버뮤다 삼각지대라고 들어봤나요? 버뮤다 삼각지대는 버뮤다 섬과 마이애미, 푸에르토리코를 잇는 삼각형의 해역입니다. 이곳에서 지금까지 선박 열일곱 척, 비행기 열다섯 대가 사라졌어요. 사고 원인은 물론 실종자의 시체도 찾지 못해 '악마의 바다'로 불리고 있지요. 이곳에 관한 전설은 1960년대 미국의 한 잡지에 실린 기사에서 유래합니다. 이를 출판사나 방송사가 흥행을 위해 부풀렸다는 주장도 있습니다. 그전까지 사람들은 이곳에 주목하지 않았으니까요.

그렇다면 진실[44]은 무엇일까요? 미국 동남부와 가까운 이곳은 선박과 비행기의 통행이 잦습니다. 대서양을 통해 미국 동남부로 들어가는 선박과 비행기는 이곳을 거쳐야 하기 때문입니다. 배 열일곱 척, 비행기 열다섯 대만 놓고 보면 매우 많지만, 이곳을 지나는 배나 비행기 통행량을 고려하면 사고 발생 비율은 평균 수준에 불과하다고 합니다.

---

44 2010년 8월, 버뮤다 삼각지대의 미스터리가 밝혀졌습니다. 호주 멜버른에 있는 모내시 대학의 조세프 모니건 교수는 〈미국물리학저널〉에 버뮤다 삼각지대에서 배나 비행기가 실종된 원인이 메탄가스로 인한 자연현상 때문이라는 논문을 발표했지요. 모니건 교수는 해저의 갈라진 틈에서 거대한 메탄 거품이 생기면 수면으로 상승하면서 사방으로 팽창할 것이고, 어떠한 배라도 이 메탄 거품에 붙잡히면 즉시 부력을 잃고 바다 밑으로 가라앉는다고 했습니다. 배가 바다에 떠 있을 수 있는 이유는 배의 무게보다 물에 뜨려는 힘인 부력이 더 크기 때문입니다. 그런데 메탄 거품에 의해 부력을 잃으면, 배는 제 무게를 이기지 못하고 그대로 침몰하지요. 비행기가 실종되는 원인은 배의 실종 원인과 조금 다릅니다. 만약 거품의 크기와 밀도가 충분히 크다면, 엄청난 양의 메탄가스가 발생해 하늘에 떠 있는 비행기를 순식간에 덮칠 것이고, 이때 비행기 엔진에 불이 붙어 추락하게 된다는 것입니다.

그렇다면 사람들이 이곳을 불가사의하게 여기는 이유가 뭘까요? 이곳이 바다이기 때문입니다.[45] 바다에서는 사고 난 배나 비행기의 잔해가 해저로 가라앉아 보이지 않습니다. 수색 작업을 통해 잔해를 찾을 수도 있지만, 깊고 넓은 바다에 처박혀 아예 찾지 못하는 경우도 많습니다. 그 때문에 사람들의 두려움과 상상력은 더욱 증폭될 수밖에 없지요. 만약 지상에서 그와 비슷한 비율로 사고가 발생한다면 아무도 신경 쓰지 않을 겁니다. 사고기의 잔해를 비교적 쉽게 찾을 수 있을 테니까요. 따라서 아무도 미스터리 운운하지도 않을 겁니다. 이처럼 우리가 신비롭게 여기는 현상들을 합리적인 시각에서 들여다볼 필요가 있습니다.

UFO에 외계인이 타고 있다고 믿는 사람들은 수많은 목격자가 바로 증거라고 주장합니다. '수많은 사람이 봤다면 정말 무언가 있는 게 아닐까?' 문득 그런 생각이 들 수도 있습니다. 하지만 다시 생각해 봅시다. 과연 우리 눈에 보이는 건 모두 진실일까요? 우리 눈에는 해가 동쪽에서 떠서 서쪽으로 집니다. 지구가 태양 주위를 도는 모습은 아무리 노력해도 보이지 않습니다. 그런데 우리는 지구가 태양이 주위를 돈다고 철석같이 믿고 있습니다. 왜일까요? 과학적 사실이기 때문입니다. 우리가 일상에서 실제

45 하지만 실종 사고가 한 곳에 집중된다는 점에서 그 비밀을 벗겨야 할 필요는 있습니다. 자동차 사고가 잦은 지역이 있으면 그 원인을 밝혀 지나가는 운전자들에게 '사고 다발 지역'이라는 푯말로 위험에 대비하라고 경고하듯이 버뮤다 삼각지대의 위험을 알릴 필요가 있으니까요.

로 경험하는 것과 정반대인데도 말이지요.[46]

과학적 사실은 일정한 도구와 지식을 갖춘다면 누구든지 확인할 수 있습니다. 물론 그런 지식을 익히고 관측 도구나 실험 도구를 사용하는 방법을 배우기까지 일정한 시간이 걸리긴 합니다. 비록 우리가 직접 아인슈타인의 상대성이론을 검증해 본 적은 없지만, 만일 해 보기 원한다면 누구도 말리지 않지요. 원칙적으로 누구든지 맘만 먹으면 과학적 사실을 확인하고 검증해 볼 수 있습니다. 그러니까 과학자들이 제시한 증거는 그대로 믿을 수도 있고, 원한다면 우리가 직접 확인해 볼 수도 있지요.

그러나 UFO 목격은 그렇지 않습니다. 그것은 다시 확인하고 검증할 수 없는 경험입니다. 따라서 제대로 된 증거라고 말하기 어렵습니다. 귀신을 본 사람이 수천 명이라고 해서 귀신이 존재한다고 말할 수 없는 이유랍니다. 게다가 이런 목격자들의 증언을 조사해 보아도 확신이 안 섭니다. 왜냐하면 같은 UFO를 봤다

---

46 과학이 발달하기 전까지 인류는 세계와 우주를 현상학적으로 이해했습니다. 즉 눈에 보이는 그대로 이해하고 받아들였지요. 그 현상 배후에 숨겨진 것들에 대해서는 무지하거나 무관심했답니다. 예를 들어 아리스토텔레스는 세계가 불, 물, 흙, 공기라는 네 가지 원소로 이루어져 있다고 생각했습니다. 아리스토텔레스는 이 원소들이 자신만의 움직임과 존재 장소를 가지고 있다고 여겼지요. 가령 흙은 본질에서 우주의 중심을 향해 움직입니다. 당연히 지구는 우주의 중심이었지요. 더 가벼운 물은 흙의 위쪽에 위치하여 바다를 이루고, 공기는 그 위쪽에 자리 잡아 대기를 구성합니다. 물이 아래로 흐르는 것은 물의 자연스러운 움직임입니다. 불은 위쪽으로 이동하는 성질을 가지고 있으므로 불꽃이 하늘을 향하는 것으로 생각했습니다. 태양이나 별들도 불의 일종이므로 하늘 높이 박혀 있는 게 당연한 거였지요.

는 사람들조차 증언이 다르고 엇갈리기 일쑤랍니다.

사실 인간의 기억은 믿을 게 못 되지요. 똑같은 경험도 우리는 다르게 기억하니까요. 실제로 전혀 일어나지 않은 일도 마치 일어난 것처럼 기억하기도 합니다. 누구나 이런 경험을 자주 하지요. 누가 언제 무엇을 했는지에 대해서 친구나 가족과 기억이 달랐던 적이 있을 거예요. 더욱 이상한 부분은 100만 건 이상의 목격 사례입니다. 즉 외계인이 지구에 100만 번 이상 방문했다는 건데요. 지구가 외계인의 전용 공항이라도 될까요? 물론 100만 번의 목격이 100만 번의 방문과 일치하는 건 아닙니다. 똑같은 UFO를 여러 사람이 목격했을 수 있기 때문입니다. 중복된 목격을 제외한다 해도 100만 건은 여전히 큰 수입니다.

UFO 모양의 구름. 자연현상일 뿐인데도 우리는 가끔씩 상상력을 발휘해서 UFO라고 착각할 때가 있다.

미국 공군은 UFO 목격담을 수집하여 분석하는 대형 프로젝트를 실행한 적이 있습니다. 1952년에 '블루 북'이라는 이름으로 진행된 프로젝트입니다. 모두 12,618건의 UFO 목격담을 분석한 끝에 사례 대부분이 일반 비행기를 UFO로 오인하거나 과학적으로 설명 가능한 자연현상에 지나지 않았습니다. 일부는 장난도 포함되어 있었지요. 6%는 원인이 불분명한 미지의 사건으로 남았습니다. 물론 1952년의 기술 수준에서 설명할 수 없었을 뿐 지금 조사한다면 또 모르지요.

사람들이 하늘에서 본 것들은 민간기일 수도 있고 군용기일 수도 있습니다. 혹은 기상 관측용 기구일지도 모릅니다. 로스웰에 추락한 비행 물체도 모굴 프로젝트[47]의 하나로 상공에 띄웠던 기상 관측용 기구였지요. 혹은 현재 개발 중인 최신형 군용기일 수도 있습니다. 이런 군용기는 사람들에게 익숙하지 않기 때문에 UFO로 보일 가능성이 높지요. 실제로 미군은 개발 중인 신무기의 보안을 유지하려고 비행접시 소문을 내버려두거나 조장하기도 했답니다.

이와 같은 인공물이 아니라면 자연현상일 가능성도 있습니다. 밤하늘에서 달 다음으로 강렬하게 빛나는 천체인 금성을 UFO로 오인하는 경우도 많습니다. 자동차를 타고 가다 금성을 보면 마치 따라오는 듯한 착각을 불러일으킬 때가 있지요. 금성 말고도 지구에는 매일 2,500만 개의 우주 먼지가 들어옵니다. 이것들이

---

47 핵전쟁이 발발했을 때 대기 중 방사능 함유량을 측정하기 위해 수행된 극비 프로젝트.

지구 대기로 들어오면 엄청난 속도로 인해 불타 없어지게 됩니다. 이때 강렬한 빛을 내뿜습니다. 흔히 유성이라 부르는 현상입니다. 대기의 이상 현상도 UFO로 오해될 수 있습니다. 번개가 치거나 대기의 이상 현상으로 하늘이 이상하게 밝아지는 경우도 있지요.

외계인과 관련된 음모론

UFO 신드롬은 자연스럽게 생겨난 게 아닙니다. UFO 신드롬은 냉전과 관련이 깊답니다. 1950년대 초반에 UFO에 대한 관심이 고조된 배경에는 국가 기관의 공인이 있었습니다. 각국 정부가 UFO에 대해 적국의 비밀 무기가 아닌가 의심하며 깊은 관심을 가져왔기 때문입니다. UFO 신드롬은 외계인과 UFO를 연구하는 비밀 군사 기지로 알려진 51구역과 같은, 군사 기지라는 배경에서 생겨났습니다.

"UFO는 전통 신앙이 약해지면서 나타난 대체재다."

과학자 세이건이 한 말입니다. 신의 존재에 대한 믿음을 잃자, 외계인이 신의 자리를 대신하게 됐다는 말입니다. 영화 〈미션 투 마스〉나 〈프로메테우스〉는 외계인을 인간의 뿌리로 설정하고 있습니다. 한마디로 외계인이 인간을 만든 창조자라는 겁니다.

영화 내용처럼 외계인을 절대적 신으로 숭배하는 종교가 있습니다. 신을 중심으로 생각하던 옛날에는 설명할 수 없는 현상을 신의 섭리로 이해했으나, 오늘날에는 외계인의 소행으로 이해하는 사람들이 있지요. 그래서 외계인이 곧 신이라는 라엘리언 무브먼트 같은 UFO 종교까지 등장했답니다. 성경에서처럼 아주 오래전에 신이 인간을 만듭니다. 다만 성경과 달리 신의 자리에 외계인이 앉아 있을 뿐이지요.

외계인이 존재할 가능성은 충분합니다. 그러나 존재할 수 있다는 것과 그들이 UFO를 타고 지구를 돌아다닌다는 것은 전혀 다른 문제이지요. 만약 실제로 먼 행성에서 지구까지 와서 우리를 몰래 관찰할 정도의 지적 생명체라면, 현재의 UFO 같은 비공식적인 방식으로 지구인과의 접촉을 시도하진 않겠지요.

〈맨 인 블랙〉이라는 SF 영화가 있습니다. 영화에는 지구인을 가장하고 살아가는 무수한 외계인이 등장합니다. 주인공은 외계인들의 동태를 살피고 외계인 무법자를 소탕하는 정부 요원들입니다. 물론 영화 속에서 외계인을 감시하고 관리하는 정부 기관은 비밀리에 운영되고 있지요. 이처럼 외계인들이 이미 지구에 와서 살고 있다거나 정부가 비밀리에 이를 묵인하고 있다는 주장의 근원은 로스웰 사건으로 거슬러 올라갑니다.

1947년 뉴멕시코주의 시골 마을인 로스웰에서 비행접시의 잔해와 외계인의 시신이 발견됐다고 알려졌습니다. 외계인의 시신을 직접 옮겼다는 증인도 나타났지요. 인터넷을 뒤져 보면 외계인 시신을 해부하는 사진도 있습니다. 문제의 발단은 미 공군이 잔해를 거둬 네바다주에 있는 비밀 군사 기지인 51구역으로 옮기면서 발생했습니다. 공군이 처음에 부서진 잔해가 비행접시였다고 발표했지요. 그리고 몇 시간 만에 기상 관측용 기구라고 정정했습니다.

51구역의 정식 명칭은 '넬리스 공군 기지'입니다. 미국 연방법에 의해 보호를 받고 있어 일반인의 출입이 철저히 통제되는 곳이지요. 이곳은 1950년대부터 U-2 정찰기, F-117 공격기, B-2 폭격기 등 첨단 항공기의 실험장 역할을 해 왔습니다. 미군의 대단위 비행 전투 훈련에도 이용되는데, 기지의 면적이 무려 서울 면적의 두 배에 달한답니다.

로스웰 사건은 한동안 잊혔다가 1990년대 초에 UFO 연구자들이 추락한 것은 UFO와 외계인이었는데, 정부가 이를 은폐했다는 내용의 책을 출간하면서 다시 주목받기 시작했습니다. 51구역이 SF 드라마에 나오는 외계인 연구 시설이라고 주장했습니다. 물론 그 직전인 1980년대 후반에 51구역에서 극비 연구 과제를 수행한 물리학자 밥 라자르의 폭로가 있었지요. 내부 근무자의 고백이라는 점에서 라자르의 폭로는 언론의 폭발적인 관심을 불러일으켰습니다.

라자르는 캘리포니아공대와 MIT에서 물리학 박사 학위를 받은 후 1982년부터 51구역 내의 S-4 시설에서 근무했다고 자신을 소개했습니다. 그리고 자신이 알고 있는 충격적인 사실을 털어놓았습니다. 51구역은 군사 기지로 위장되어 있을 뿐 실제로는 미국 정부가 협상을 통해 외계인에게 빌려 준 지역이라는 것이었습니다. 그리고 51구역에서 모두 아홉 대의 UFO를 목격했다고 밝혔습니다.

그러나 라자르의 신뢰성에 여러 의문이 제기됐습니다. 라자르는 자신을 캘리포니아공대와 MIT 박사 출신이라 밝혔지만 두 학교 어디에도 그의 기록이 존재하지 않았기 때문입니다. 이에 대해 라자르는 정부가 자신의 신분 증명을 지웠다고 주장했지만, 졸업 논문과 졸업 앨범에서도 그의 이름과 사진을 찾을 수 없었지요. 나중에 밝혀진 바에 따르면 라자르는 LA의 2년제 전문대학 출신이었다고 합니다.

빌 클린턴 미국 대통령은 재임 기간에 로스웰 사건과 관련된 문건을 검토하라는 지시를 내린 적이 있다고 말했습니다.[48] 클린턴은 조사 결과에서 외계인의 존재를 증명할 어떠한 증거도 나오지 않았다고 밝혔습니다. 2001년 미국에서 시행된 갤럽 조사에 따르면 미국인 71%가 정부가 외계인 방문에 대한 증거를 은폐하고 있다고 믿는 것으로 나타났답니다.[49] 갤럽의 조사 결과는 외계인의 지구 방문에 대한 믿음이 얼마나 넓게 퍼져 있는지 잘 보여 주지요. 이와 같은 믿음은 매우 광범위하게 퍼져 있습니다.

외계인이 지구에 그림을 남겼다고?

지구의 역사가 오래됐다는 점에서 아주 먼 옛날에 외계인이 지구를 방문했다고 주장하는 사람들이 있습니다. 그들은 외계인이 지구에 흔적을 남겼다고 믿습니다. 가령 미스터리 서클 같은 것

48 2014년 4월 2일 '지미 키멜 쇼'.

49 《우주 생명 이야기》 참고.

이죠. 물론 미스터리 서클은 오래전에 남긴 흔적이 아니라 밀이나 옥수수 등을 쓰러뜨려 만든 커다란 문양입니다. 오목하게 들어간 부분이 식물이 쓰러진 부분이지요. 전 세계에는 수백 개의 미스터리 서클이 존재합니다. 미스터리 서클은 기하학적인 무늬와 커다란 크기가 묘한 신비감을 줍니다. 그래서 외계인이 만든 작품으로 오해하게 하지요.

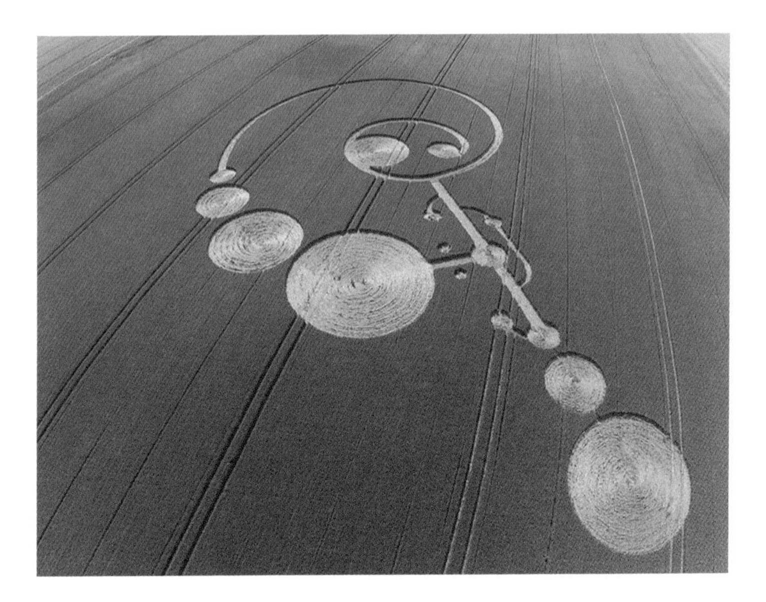

미스터리 서클

그런데 1991년 충격적인 소식이 전해졌어요. 영국의 BBC 방송이 오래전부터 밀밭에서 커다란 원을 그리는 장난을 해 왔다는 두 노인에 대해 보도했답니다. 두 노인은 밧줄와 판자, 막대기 등을 이용해 10여 년에 걸쳐 200여 개의 미스터리 서클을 만들었다고 주장했습니다. 실제로 만드는 과정을 보여 주기도 했습니다.

그 영상을 보면 커다란 미스터리 서클이 생각보다 만들기 쉽다는 걸 알 수 있습니다. 적당한 요령과 기술만 익히면 여러분과 저도 충분히 만들 수 있답니다.

미스터리 서클 전문 제작팀을 자청하는 영국의 '서클 메이커스'가 있습니다. 이들은 영국에서 발견된 많은 미스터리 서클이 자신들의 작품이라고 주장했습니다. 1960년대에 언론을 통해 처음 미스터리 서클의 존재를 접하게 된 이후 재미삼아 영국과 호주 등지에 수십 개를 직접 만들었다는 것이죠. 이들은 이를 증명하기 위해 몇 가지 제작 비법을 공개했습니다. 가령 현장에 발자국을 남기지 않기 위해 얇은 봉을 이용해 장대높이뛰기를 하듯이 이동하며, 사람들의 눈에 띄지 않기 위해 오직 달빛에만 의지해 작업한다는 것입니다.

BBC의 방송 내용과 서클 메이커스가 밝힌 내용에도 불구하고 여전히 미스터리 서클이 외계인의 흔적이라고 생각하나요? 어떤 이들은 BBC에 소개된 노인들이 만든 가짜 미스터리 서클 말고 외계인이 만든 진짜 미스터리 서클이 따로 있다고 주장하기도 합니다. 그 근거로 외계인이 만든 미스터리 서클의 식물들은 꺾인 마디 부분이 가짜 미스터리 서클의 식물들과 다르다고 주장하지요.

그런데 외계인이 고작 밀밭에 낙서나 하려고 엄청난 수고를 감수하고 그 먼 여행을 감행했을까요? 외계인이 우리에게 모종의 신호를 보내고 있다면, 굳이 그렇게 비밀스럽게 신호를 남길 이유가 있을까요? 공개적으로 모든 사람에게 분명하게 메시지를 전할 수 있을 텐데 말이에요. 똑똑한 소수의 사람에게만 메시지를 전하고 싶었던 건 아닐까요? 그렇다면 일반인들보다 더 똑똑한 과학자들에게 메시지를 보내야 하겠지요. 그러나 어떤 과학자도 미스터리 서클이 담고 있는 외계인의 메시지를 분석한 적이 없답니다.

이상한 것은 미스터리 서클이 대도시에는 없다는 점입니다. 미스터리 서클은 농가에서 멀리 떨어진 밀밭이나 옥수수밭 등에서 발견됩니다. 대개 인적이 드문 어두운 밤이나 새벽에 만들어지고 다음 날 아침 발견되지요. 외계인은 부끄럼이 많을까요? 그건 아닐 거예요. 밤늦은 시간 아무도 없을 때 누군가 몰래 만들었기 때문이겠지요.

페루 나스카 평원에도 비슷한 무늬가 있습니다. 일명 나스카 라인으로 불리는 이 무늬들은 미스터리 서클보다 훨씬 크답니다. 땅 위에서는 제대로 볼 수 없을 정도로 크지요. 비행기를 타고 하늘에서 내려다봐야 한눈에 전체 모습을 볼 수 있답니다. 그 때문에 나스카 라인은 오랫동안 발견되지 않았지요. 2000년도 더 된 나스카 라인은 1930년에서야 항공기 조종사들에 의해 발견됐답니다. 나스카 평원에는 이런 무늬들이 100개 넘게 있습니다. 삼각형, 사다리꼴 같은 도형부터 벌새, 고래, 원숭이에 이르는 동물까지 100개 이상의 무늬가 파노라마처럼 펼쳐집니다.

드넓은 땅에 100개가 넘는 거대한 무늬들이 대지를 수놓고 있습니다. 이 사실만 놓고 보면 나스카 라인은 무척 신비롭습니다. 그림을 그린 이들은 사라졌고, 남겨진 우리는 상상합니다. '먼 옛날에, 땅에서는 보이지도 않는 문양을 어떻게 그렸을까?' 그래서 어떤 이들은 나스카 라인을 외계인의 작품으로 생각합니다. 지구를 방문한 외계인이 우주선을 타고 그렸다는 거지요. 과연 그럴까요?

나스카 라인의 제작 방법은 의외로 간단합니다. 사막 표면의 검은 돌들을 걷어 내고, 30cm 깊이로 땅을 파서 땅속에 있는 밝은 색깔의 흙이 드러나게 하면 됩니다. 그리고 걷어 낸 돌들을 파낸 곳 가장자리에 둑처럼 쌓아 올리면 됩니다. 우리도 막대기와 긴 줄, 땅을 팔 삽과 쓸어 낼 빗자루만 있으면 충분히 그릴 수 있답니다. 물론 함께 작업할 친구가 아주 많아야겠지요. 이런 작업은 측량 기계나 비행기의 도움 없이도 가능하답니다. 고도의 기술이나 지식 대신 아주 많은 노동력만 있으면 됩니다.

나스카 라인.

하늘에서 내려다본 나스카 라인은 입이 쩍 벌어질 정도로 거대합니다. 상상을 초월하는 거대한 크기가 우리를 압도하지요. 오랜 시간 원래 모습 그대로 유지된 형태도 신기합니다. 게다가 고대의 숨겨진 비밀처럼 오랫동안 베일에 가려져 있었던 점도 신비롭기 그지없습니다. 하지만 따져 보면 그리 신비로울 것도 없답니다. 워낙 크다 보니까 비행기를 타고 지나치기 전까지 발견되지 않았을 뿐이고, 비가 오지 않고 풀과 나무가 자라지 않는 지리적 특성과 그 때문에 사람도 살지 않는 지역적 특성으로 인해 원형을 보존할 수 있었습니다. 그러니까 몇 가지 우연과 환경이 빚어낸 신비인 거지요.

증거다운 증거가 없다

미스터리 서클이나 나스카 라인보다 훨씬 오래전에 외계인이 지구를 방문했다 해도 우리는 확인할 길이 전혀 없습니다. 증거가 남아 있지 않기 때문이지요. 어떤 이들은 이집트의 피라미드부터 이스터 섬의 거대한 석상, 그리고 우리가 살펴본 나스카 라인 등이 모두 외계인의 존재를 설명하는 증거라고 주장합니다. 대표적으로 에리히 폰 데니켄이 쓴《신들의 전차》가 그렇지요. 폰 데니켄은 이들 유적 전부가 외계인의 흔적이라고 주장했습니다.

폰 데니켄의 기본적인 가설은 여러 고대 문명의 유적과 신화에 외계인의 방문을 암시하는 흔적이 담겨 있다는 것입니다. 우리는 가설 자체에 대해서 진위를 논할 수는 없습니다. 중요한 것은 그러한 가설을 뒷받침하는 증거겠지요. 그러나 불행하게도 그가 내세운 증거의 수준은 매우 빈약하고, 대개의 경우는 아예 없습니다. 예를 들어, 폰 데니켄은 이집트의 피라미드에 관해 이렇게 주장합니다. 피라미드는 직육면체의 돌덩이를 쌓아 만든 것인데, 이 돌덩이는 개당 무게가 20톤가량 나간다는 거지요. 그런데 사람의 힘으로는 20톤의 돌덩이를 들어 올려 피라미드를 만들 수 없고, 따라서 현대적인 장비가 필수적이라고 말입니다. 피라미드는 기원전 2600년경에 만들어졌기 때문에 현대적인 장비가 없었다면 당연히 외계인이 지어 올린 것이 틀림없다고 주장합니다.

하지만 다른 역사적 기록과 고고학적 연구에 따르면 폰 데니켄의 주장은 설득력을 잃습니다. 우선 고대 역사가 헤로도토스의 책에도 이집트인의 피라미드 건축 기술에 대한 언급이 나와 있어요. 당시에도 뗏목을 나일 강 상류로 올려 보내는 방법, 굴림대를 이용해 돌덩이를 옮기는 방법, 거대한 토대를 쌓아 돌덩이를 쌓은 뒤에 토대를 제거하는 방법 등 갖가지 기술이 있었습니다. 심지어 몇몇 돌덩이들에는 "여신님, 드디어 우리가 해냈습니다", "제11 호랑이 작업조" 등의 서명까지 새겨져 있지요. 피라미드는 10만 명 이상의 노예가 동원되어 거의 30년 동안 만들어졌습니다. 결국 엄청난 무게와 크기를 감당할 수 있었던 것은 대규모의 인력 동원이었던 셈이지요.

하나만 더 이야기해 볼까요? 폰 데니켄은 이스터 섬의 석상들에 대해서도 비슷한 논리를 폈습니다. 석상이 사람의 힘으로 들어 올리기 힘들 정도로 매우 육중하다는 거지요. 석상들은 현재의 위치에서 제법 떨어진 채석장으로부터 운반됐습니다. 그러나 노르웨이 출신의 인류학자 소르 헤이에르달은 이스터 섬에 가서 소규모의 팀과 간단한 도구만을 사용해 석상 하나를 직접 운반하고 세워 보였답니다. 완성되지 못한 채 누워 있던 석상이었지요. 그 석상을 세우는 방법은 약간의 흙과 돌을 한쪽 면 아래에 집어넣기 시작해서 그 흙더미를 점점 더 높이고 가파르게 해서 결국 석상을 똑바로 서게 만드는 방법이었답니다.

모아이 석상

고대 그림이나 유적 등에서 관찰되는 다소 특이한 무늬와 형태, 그러니까 외계인이나 우주선의 모습과 비슷한 것을 외계인의 흔적이라고 주장할 수는 있습니다. 또는 외계인이 인류의 조상이라고 주장할 수도 있습니다. 하지만 그것이 외계인이 남긴 것인지 혹은 외계인을 만난 인류의 조상이 남긴 것인지, 아니면 고대인이 상상해서 만든 것인지 확인할 길은 없습니다. 그런 흔적 말고 왜 외계인이 남긴 물건은 아직 하나도 발견되지 않을까요?

지금까지 인류는 수많은 화석과 고대 유물 등 지리학적, 고고학적 발견을 해 왔습니다. 그런데 외계인의 물건은 발견된 적이 없지요. 기계 장치 같은 게 아니라도 상관없습니다. 기계라면 오랜 세월 동안 비바람에 깎이거나 삭았을 테니까요. 애초의 복잡한 기계 형태는 아니라 해도, 현대의 과학기술로 만들 수 없는 새로운 물질이나 합금 등은 남아 있어야 하지 않을까요?

그러나 현대인이 만들 수 없는 새로운 물질이나 기계 장치, 합금 등은 아직 발견된 적이 없습니다. 여기서 '새로운 물질'은 자연에 존재하는데 우리가 몰랐던 물질이 아니라, 인공적으로 만들어 낸 물질인데 인간의 기술로 도저히 만들 수 없는 물질입니다. 재료공학의 눈부신 발전 속도로 볼 때 수백 년 뒤에 사용될 우주탐사선의 재료는 지금과 크게 다르겠지요. 그렇다면 우리보다 수천에서 수만 년은 앞선 과학기술을 보유한 외계인들의 우주선 역시 다를 수밖에 없겠지요.

넓은 우주에서 외계인이 우리를 찾아내서 먼 거리를 날아왔다면 그들의 과학기술은 엄청나게 발전했을 겁니다. 아마 우리보다 수천 년, 혹은 수만 년은 앞서 있을 게 분명하지요. 앞에서 우리는 광년에 대해서 배웠습니다. 우주가 너무 커서 빛을 이용해서 시간을 잰다고 했지요. 1광년은 빛이 1년 동안 갈 수 있는 거리라고 했습니다. 외계인이 우리를 찾아온다면 아마도 수백 광년, 수천 광년 너머에서 올 것입니다. 그들이 빛에 가까운 속도로 온다고 해도 수백 년, 혹은 수천 년이 걸린다고 생각해야 합니다.

오랜 시간 동안 우주를 비행할 수 있는 기술은 우리의 과학기술로는 엄두조차 낼 수 없답니다. 우리가 상상할 수 있는 최고의 기술은 핵융합 로켓을 이용한 우주선입니다. 그런데 핵융합 기술은 아직 연구·개발 단계에 있답니다. 전 세계가 수십 년 안에 상용화하기 위해 열심히 연구하고 있지요. 따라서 핵융합 로켓은 실제 로켓이 아니라 가상의 로켓이랍니다. 하여튼 핵융합 로켓을 단 우주선조차도 빛에 가까운 속도에 도달하지 못합니다. 고작 빛의 10% 정도의 속도에 이를 수 있다고 하지요. 그렇다면 거의 빛에 가까운 속도로 외계인이 우주를 날아왔다면 그들의 과학기술은 얼마나 발전되어 있을까요?

지금으로부터 100년 전에, 인류가 음속보다 빠르게 날 거라고는 아무도 상상하지 못했을 겁니다. 라이트 형제가 비행기를 만든 때가 1903년입니다. 그런데 지금 우리는 초음속으로 하늘을 날고, 심지어 우주까지 날아간답니다. 고작 100년 사이에 이룬 발전입니다. 그렇다면 1,000년, 2,000년 후에는 어떠한 일이 벌어질까요? 우리가 상상도 못 한 일들이 벌어지겠지요.

SF의 거장 아서 클라크는 "고도로 발달한 과학기술은 마법과 다르지 않게 보일 것이다."라고 했습니다. 선교사들이 성냥이나 망원경을 들고 밀림에 나타났을 때 원주민들로부터 신과 같은 존재로 대접받았습니다. 텔레비전 안에는 작은 세상이 들어 있고, 휴대전화로 멀리 있는 사람과 대화하는 지금의 우리 모습을 수백 년 전 사람들이 본다면 아마 마법이라고 생각하지 않을까요?

외계인도 마찬가지입니다. 외계인의 과학기술은 우리에게 마법처럼 보일 겁니다. 우리가 상상할 수 없는 수준이겠지요. 세이건은 이렇게 말했습니다.

"우리보다 100만 년 앞선 문명이라는 것이 대체 어느 정도로 발달한 문명인지 감이 잡히는가? 지구에서 전파망원경은 불과 수십 년 전에 처음으로 만들어졌으며, 지구에 기술 문명이 싹튼 것도 기껏해야 수백 년밖에 되지 않았다. 따라서 지구보다 수백만 년 앞선 문명인이 우리와 마주친다면, 그들은 마치 우리가 원숭이를 대하듯이 그렇게 우리를 바라볼 것이다."

따라서 외계인이 고작 미스터리 서클이나 나스카 라인을 흔적으로 남겼을 리가 없습니다. 미스터리 서클이나 나스카 라인은 첨단 장비의 도움 없이도 누구나 만들거나 그릴 수 있으니까요. 외계인이 어떤 흔적을 남겼다면 현대 과학기술을 다 동원해도 모방하기 어려운 것이겠지요. 누구나 쉽게 따라 할 수 있다면 사람들이 외계인의 흔적으로 믿지 않을 게 분명합니다. 우리보다 훨씬 똑똑한 외계인들이 설마 그런 일도 예상 못했을 리가 없습니다.

이렇게 반문할 수도 있겠지요. 오히려 외계인들이 지극히 쉬운 방법으로, 또 알기 쉽게 자신들의 흔적을 남겼다고 말입니다. 특별히 복잡하고 어려운 방식 말고요. 그런데 이것도 완벽한 설명은 못 됩니다. 그럴 거라면 자신들의 모습을 아예 드러내는 게 나을 테니까요. 자신들의 정체를 분명히 알리고 싶어서 간단한 방법을 사용했다면, 굳이 자신들의 모습을 숨기면서까지 그렇게 할 필요는 없을 듯합니다.

10.

우주 전쟁이 일어나는 건 아니겠지?

▸▸ 2011년 미국 앨버커키 풍선 축제에 등장한 다스 베이더 풍선. 다스 베이더는 SF 영화 〈스타워즈〉 시리즈에서 악의 상징이다.

외계인은 두려운 존재일까?

“외계인이 침략했다!”

1938년 10월 30일 한 라디오 방송이 나가자 수백만 명의 미국인이 공황 상태에 빠졌습니다. 당시 CBS 라디오방송국의 진행자였던 오손 웰즈는《우주 전쟁》을 라디오극장으로 각색해 방송했지요. 웰즈는 다급한 목소리로 “화성에서 날아온 괴비행체가 뉴저지의 그로버밀에 착륙하여 레이저 광선으로 도시를 무차별 공격하고 있다”며 공포 분위기를 조성했습니다.

라디오를 듣던 수많은 청취자가 세상의 종말이 왔다며 거리로 뛰쳐나오는 바람에 극심한 혼란을 빚었지요. 저녁 내내 소방서와 긴급구조대, 그리고 라디오 방송국의 전화가 폭주했답니다. 다음 날 일간지에 실린 기사에 따르면 그 일대의 주민들은 대부분 짐을 싸서 대피했다고 합니다. 일부는 독가스 냄새를 맡았다거나 번쩍이는 섬광을 봤다는 등 근거 없는 주장을 하기도 했지요. 당시 한 여론조사에 따르면 청취자들의 28%가 방송 내용을 실제 사건으로 믿었다고 합니다. 웰즈가 방송 전에 실제 상황이 아니라고 거듭 강조했는데도 말이지요.

이 사건은 우리에게 여러 생각 거리를 던져 줍니다. 첫째로 극도의 공포나 집단적인 믿음은 섬광이나 독가스처럼 실재하지 않는 무언가를 보고 느끼게 합니다. 귀신을 보았다는 사람들도 대개는 극단적인 공포감 속에서 그와 같은 체험을 하지요. 그러니까 귀신을 보고 공포를 느낄 수도 있지만, 먼저 공포를 느끼고 귀신을 보기도 한다는 거죠. UFO와 관련해서도 기억해야 할 부분이지요.

《우주 전쟁》의 1927년 재판본 표지.

둘째로 우리는 외계인을 상당히 두려워합니다. 영화에 그려지는 외계인의 지구 방문은 평화롭지 않습니다. 그들의 모습은 대개 지구를 침공하여 지구인을 죽이는 것으로 묘사되지요. 엄청난 무기와 화력을 가진 외계인들이 지구에 쳐들어온다는 건 상상만 해도 끔찍합니다. 외계인은 정말 난폭한 존재일까요?

1898년 허버트 조지 웰즈가《우주 전쟁》을 발표한 이래 외계인의 지구 침공은 SF 소설과 영화의 단골 소재가 됐습니다.《우주 전쟁》은 외계인의 지구 침공을 처음으로 다룬 소설이지요.《우주 전쟁》의 줄거리는 문어처럼 생긴 화성인들이 무시무시한 무기를 앞세워 지구를 침공한다는 내용입니다.《우주 전쟁》은 발표되자마자 큰 관심과 인기를 얻었습니다.

《우주 전쟁》에서 웰스는 외계인에 대해 이렇게 설명했습니다.

"우주의 심연 저 너머에서 지적이지만 냉혹하고 잔인하나 멸망해가는 존재들이 우리 세계를 부러운 눈으로 지켜보면서 서서히, 그리고 확실하게 그들의 침략 계획을 진행하고 있었다."

《우주 전쟁》에 나오는 문어처럼 생긴 화성인, 긴 촉수로 인간을 휘어잡아 죽이는 외계 생명체, 철을 녹이는 외계인의 광선포 같은 독창적인 아이디어는 지난 100여 년간 무수한 영화와 소설에서 반복됐답니다.

〈인디펜던스 데이〉, 〈우주 전쟁〉, 〈스카이라인〉, 〈월드 인베이전〉, 〈배틀쉽〉, 〈퍼시픽 림〉, 〈엣지 오브 투모로우〉 등 최근까지도 외계인의 지구 침공을 다룬 영화들이 계속 만들어지고 있답니다. 이 영화들은 하나같이 지구인의 승리로 끝을 맺습니다. 그러나 실제로 우주 전쟁이 벌어진다면 어떻게 될까요? 지구인은 외계인을 결코 이길 수 없답니다.

외계인의 과학기술에 대해서는 앞에서 충분히 설명했습니다.

광대한 우주에서 우리를 찾아내고, 머나먼 거리를 날아왔다는 사실만으로도 그들의 과학기술은 우리보다 수천, 혹은 수만 년은 앞서 있을 게 분명합니다. 달리 말해 외계인은 우리보다 수천 혹은 수만 년을 더 살았다는 뜻이고, 오랜 세월을 살아남았다는 사실에서 그들을 이해할 중요한 실마리를 얻을 수 있습니다.

그들 역시 과거에 끔찍한 전쟁을 치렀고 전멸의 위기도 겪었을 겁니다. 생물은 살기 위해 서로 경쟁하고 죽이기도 합니다. 그들 역시 살기 위해 경쟁하고 죽였을 겁니다. 우리처럼 인구가 늘어나고 자원이 줄어들면서 생존 경쟁이 더욱 치열해졌을지 모릅니다. 하지만 그들은 전멸하지 않았습니다. 전멸했다면 우리를 찾아오지 못했을 테니까요. 무엇 덕분에 그들은 살아남을 수 있었을까요?

아마도 하나의 깨달음에 도달하지 않았을까요? 경쟁과 전쟁보다 협력과 공존이 생존에 더 유리하다는 깨달음 말입니다. 그렇게 다른 종족이나 문명과 어울려 사는 방법을 오랜 시간에 걸쳐 익히고 배웠을 겁니다. 왜냐하면 남과 어울려 살 줄 모른다면 그렇게 오랜 세월을 견뎌 낼 수 없을 테니까요.

장구한 역사 속에서 그들도 전쟁과 빈부 격차, 환경 파괴 등 우리가 겪고 있는 재앙을 겪었지만 이를 극복하고 평화와 공존의 지혜를 체득했겠지요. 그래서 외계인들은 예수나 부처처럼 도덕과 지성이 탁월한 존재들일 가능성이 높습니다. 그러니까 외계인의 공격은 걱정하지 않아도 됩니다. 그들이 지구에 온다면 우리를 죽이러 오는 게 아니라 만나러 오는 것일 테니까요. 우리는 반갑게 그들을 맞으면 됩니다.

2007년 세계적인 과학저널《사이언스》에 한국인의 논문이 한 편 실렸습니다. 제목은 〈자기집단 중심적 이타성과 전쟁의 공진화〉였답니다. 이 논문은 특이하게도 과학자가 아닌 경제학자의 논문이었어요. 그 주인공은 경북대학교 경제통상학부의 최정규 교수랍니다.

최정규 교수는 재미있는 실험을 했습니다. 수만 년 전 각각 스물여섯 명으로 이루어진 부족 20개가 있었다고 가정하고, 이 부족들이 5만 세대 동안 교류하면서 어떤 행동 속성을 진화시켜 왔는지 컴퓨터 시뮬레이션을 통해 분석했답니다. 실험 결과는 이타적 성향을 가진 구성원이 많은 부족일수록 더 많은 자손을 퍼뜨려 결국 살아남는 것으로 나왔지요. 이 실험을 통해 오랜 세월 살아남은 외계인들이 남과 어울려 살도록 진화했음을 추론할 수 있습니다.

지구의 자원을 약탈하러 올 수도 있지 않느냐고요? 지구는 우주에서 특별한 행성이 아닙니다. 그저 작고 평범한 행성에 지나지 않지요. 지구에서 얻을 만한 것들은 우주에 널려 있어서 그들이 굳이 먼 우주를 가로질러 지구까지 날아와서 식민지로 삼을 이유가 없습니다. 그러니까 그들은 우리에게 얻어 낼 게 별로 없답니다.

낯선 건 두려운 게 아니다

그렇다면 우리는 왜 외계인을 난폭한 존재로 상상할까요? 지금까지 우리가 보아 온 영화나 소설이 외계인을 난폭하고 두려운 존재로 묘사했기 때문입니다. 그럼 영화나 소설은 왜 외계인을 그렇게 묘사할까요? 낯선 것에 대한 두려움 때문이겠지요. 우리가 알지 못하는 존재는, 우리의 예측 밖에 있습니다. 아무것도 모르면 속수무책으로 당할 수밖에 없으니까요.

여기에는 낯선 존재에 대한 두려움과 더불어 또 다른 두려움이 깔려 있습니다. 바로 우리 자신에 대한 두려움입니다. 인류의 역사에 새겨진 파괴의 장면들을 우리는 생생히 기억하고 있습니다. 자기보다 약한 자들을 무자비하게 착취하고 파괴한 사례를 우리는 역사 속에서 무수히 목격했지요. 힘이 센 문명권과 힘이 약한 문명권이 사이좋게 공존한 적이 얼마나 있을까요? 두 세력 가운데 한쪽의 힘이 더 세면 어김없이 침략과 학살, 파괴가 일어났습니다. 침략자로서의 외계인은 그러한 공포가 만들어 낸 허상일지 모릅니다.

이러한 생각은 많은 사람에게 퍼져 있고, 심지어 과학자들 가운데서도 이러한 생각을 지지하는 사람들이 있지요. 호킹이 대표적입니다.

"나는 그들외계인의 고향 행성에서 모든 자원을 다 써 버린 후에, 거대한 함선들 안에 존재하고 있을 그들을 상상합니다. 진보한 외계인들은 아마도 그들이 만나는 행성들은 무엇이든지 정복하고 식민지화하려고 찾아다니는 유랑민이 됐을 것입니다. 만일 외계인들이 언젠가 우리를 방문한다면, 그 결과는 크리스토퍼 콜럼버스가 처음 아메리카에 상륙했을 때와 같으리라고 생각합니다. 이것은 아메리카 원주민들에게는 좋지 않은 일로 끝났습니다."

이 같은 관점은 어디까지나 인간 중심적이지요. 우주는 지구보다 훨씬 넓습니다. 만약 외계인들이 항성 간 여행을 자유롭게 할 수 있다면 굳이 지적인 생명체가 살아가는 행성들을 식민화하며 파괴할까요? 우주에는 그런 행성이 어마어마하게 많은데, 굳이 생명체를 파괴하면서까지 식민지로 만들까요? 지구에서야 제한된 영토와 자원 탓에 서로 죽이는 비극적인 일들이 끊임없이 벌어지지만, 우주라면 이야기가 달라지겠지요.

SF 영화 〈스타트렉 다크니스〉에는 엔터프라이즈호라는 우주선이 나옵니다. 엔터프라이즈호의 임무는 미지의 세계들을 탐사하고, 새로운 생명과 문명을 발견하는 것입니다. 그런데 지켜야 할 규칙이 있습니다. 외계 행성의 원시 문명에 우주선의 정체를 노출해서는 안 된다는 규칙이지요. 외계 행성의 문명을 존중하기 때문에 함부로 자신들의 정체를 드러내지 않는 겁니다. 만약 항성 간 여행이 가능한 문명이라면 이 정도의 도량은 가지고 있지 않을까요?

역사의 잘못을 되풀이하지 않기

문명과 문명의 만남이 파괴와 학살로 이어진 대표적인 사례가 아스테카 왕국의 멸망이지요. 1519년 스페인의 코르테스는 550명의 병사를 이끌고 아스테카 왕국에 쳐들어갑니다. 적은 숫자로도 그보다 수백 배는 많은 적군을 제압하고 제국을 무너뜨릴 수 있었던 것은 유럽의 칼과 총이 아니었지요. 유럽인들에게는 그들조차 모르는 무기가 있었답니다. 바로 천연두라는 치명적인 질병을 일으키는 미생물이었지요.

유럽인들은 자신들의 용맹함과 우월한 무기, 그리고 앞선 문화를 앞세워 신세계를 차지했다고 믿었지요. 그러나 이는 착각에 지나지 않았습니다. 진짜 정복자들은 바로 병원균이었답니다. 신세계의 위대한 문명은 보이지 않는 군대에 의해 무너지게 됐습니다. 어려서부터 천연두에 면역된 스페인 병사들과 달리 면역 능력이 전혀 없는 아스테카 사람들은 천연두에 속수무책이었죠. 2,000만 명의 인구 가운데 95%가 천연두로 목숨을 잃고, 아스테카 문명은 그렇게 역사 속으로 사라지고 말았습니다. 보이지 않는 군대가 아니었다면 서양의 침략자들에게는 승산이 없었을지도 모릅니다.

천연두는 페루에서 발전한 잉카 문명을 멸망시키는 데도 역할을 했습니다. 피사로가 이끈 스페인 군대가 잉카 제국을 쳐들어온 것은 1531년이었지만, 그보다 앞선 1527년에 이미 천연두가 잉카 제국을 쑥대밭으로 만들었지요. 또한 콜럼버스가 아메리카를 발견한 1492년 이후 50년간 어림잡아 4,000만 명의 인디언이 학살이나 전염병으로 목숨을 잃은 것으로 추정합니다. 우리는 흔히 '신대륙 발견'이라고 하지요. 마치 콜럼버스가 발견하기 전까지 그곳에 아무도 살지 않았던 것처럼 말입니다. 그러나 콜럼버스의 발길이 닿기 훨씬 전부터 그곳에는 인디언이 살고 있었습니다. '신대륙의 발견'은 어디까지나 서구적 관점일 뿐이지요. 중세 이후 현대사에서 대개 서양은 문명의 파괴자였고, 비서구는 파괴된 문명이었습니다.

어디 그뿐인가요? 제국주의 시대에는 아프리카가 서구의 먹잇감이 됐지요. 제국주의 시대에 영국과 프랑스를 선두로 독일, 에스파냐, 포르투갈, 네덜란드, 벨기에 등이 아프리카를 차지하기 시작했습니다. 아프리카 국가 대부분은 유럽 국가들의 식민지가 됐어요. 1914년, 영국과 프랑스, 독일, 미국, 일본 등 힘센 나라들이 전 세계 영토의 85%를 차지했습니다. 한마디로 땅따먹기의 시대였지요.

지금은 고고학 유적지가 된 잉카의 잃어버린 도시 마추픽추 전경.

그렇다면 앞선 무기나 여러 기술, 중앙 집권적 정치 조직, 그리고 병원균에 대한 저항력 등은 어떻게 생겨난 걸까요? 왜 아프리카나 아메리카에는 그런 것들이 생겨나지 못했을까요? 서양인들이 유전적으로 우월해서 그런 무기를 먼저 만들고, 병원균에 저항력이 남달랐던 걸까요? 재레드 다이아몬드는《총, 균, 쇠》에서 전혀 그렇지 않다고 설명합니다. 그저 풍토와 환경이 달랐을 뿐, 유전적 우월성과는 아무 상관이 없다고 말이지요.

>> 에필로그 <<

우주에 우리만 있다면 외로울 거야

〈콘택트〉라는 영화가 있습니다. 지구인과 외계인의 만남을 다룬 멋진 영화인데요. 이런 대사가 나옵니다.

"우주는 너무나 광활합니다. 만약 우주에 인간밖에 없다면 엄청난 공간의 낭비겠지요."

신이 있어 인간만 존재하는 우주를 만들었다면 정말 공간의 낭비가 아닐 수 없습니다. 우주를 커다란 강당으로 본다면 지구는 강당에 떠다니는 먼지보다도 더 작습니다. 커다란 강당에 단 한 점의 먼지밖에 없다고 상상해 보세요. 이 광활한 우주에 우리밖에 없다면 정말 엄청난 공간의 낭비겠지요. 우주에서 오직 이 작은 행성에만 생명체가 산다면, 신은 왜 이렇게 거대한 우주를 만들었을까요? 신의 뜻, 더 나아가 신의 존재도 짐작하기 어렵지만, 이것 하나만은 확실합니다. 우주에는 무수히 많은 별이 있다는 사실 말입니다.

우리는 아직 우주에서 어떠한 생명체도 발견하지 못했습니다. 그렇다고 생명체가 존재하지 않는다고 얘기할 수는 없습니다. 오직 지구에만 생명체가, 더 나아가 지적 생명체가 존재한다는 믿음이 과연 합리적일까요? 우주에는 무수한 별이 있고, 그 별들은 우리 태양처럼 행성을 거느리고 있지요. 그렇다면 그곳 어딘가에 우리의 태양을 그들의 하늘에 있는 하나의 작은 별로 보고 있을 누군가가 존재할 것으로 생각할 수 있지 않을까요?

게다가 우리가 탐사한 천체는 태양계의 극히 일부에 지나지 않습니다. 우리 은하에 1,000억 개의 별이 있다고 해도, 그 개수를 세는 데만 3,000년이 넘게 걸린다고 했지요. 우주에는 더 많은 별이 있습니다. 유인우주선이 가 본 곳은 달밖에 없지요.

설사 우주에 지적인 존재가 우리밖에 없다 해도, 실망할 필요는 없습니다. 그만큼 우리의 존재는 소중하니까요. 우주는 영어로 '유니버스universe'입니다. 여기에서 'uni-'는 '하나'를 뜻한답니다. 우주는 하나라는 의미를 품고 있지요. 우리는 우주의 자식들입니다. 우리 몸을 구성하는 물질들은 아주 오래전에 은하 어딘가에 있던 별들에서 만들어졌답니다. 먼 옛날 가스와 먼지 속에서 태양과 지구는 탄생했습니다. 우리를 구성하는 물질들은 그때 온 것이지요.

지구의 모든 생명이 다 소중합니다. 서로가 서로에 의지해야만 살아갈 수 있기 때문이지요. 가령 동물이 산소를 들이쉬고 이산화탄소를 내뱉으면, 식물이 이산화탄소를 들이쉬고 산소를 내놓습니다. 숨을 한 번 들이쉴 때마다 우리는 1억 개의 산소 분자를 받아들인답니다. 그 산소와 이산화탄소는 아주 오래전부터 우리와 함께했지요.

우리가 숨을 쉴 때마다 먼저 산 이들의 폐를 거쳐 온 1억 개의 분자가 우리 폐 속으로 들어오지요. 이와 같은 산소 원자의 순환과 윤회는 조상들과의 연결고리입니다. 이렇게 우리는 서로에게 연결되어 있고, 서로에게 기대어 살아갑니다. 지구의 모든 생명은 하나입니다. 우리가 하찮게 여기는 잡초나 바퀴벌레까지도 모두 소중한 존재들이랍니다. 모든 생명은 생명의 거대한 사슬 속에 얽혀 있지요. 그뿐 아니라 그것들 역시 우리와 마찬가지로 별의 자손입니다.

생명체만 소중한 게 아니라 우리의 지구, 태양도 소중하지요. 태양이 탄생하면서 지구가 탄생했고, 태양의 빛과 열이 지구에서의 생명 활동을 가능하게 하니까요. 만약 밝게 빛나는 태양이 사라진다면 모든 생명도 사라지고 말겠지요. 지구의 생명은 우주 아무 데서나 살아가지 못합니다. 태양이 있어야만, 그리고 태양과 지구의 적당한 거리 안에서만 생명을 이어 갈 수 있습니다. 그렇다면 태양과 지구를 하나로 묶어 거대한 생명체로 이해할 수 있지 않을까요? 그런 점에서도 태양과 지구, 우리는 하나인지 모릅니다. 그런데 인간은 자신이 서 있는 자리를 망각하곤 하지요. 환경 파괴와 지구 온난화 같은 문제는 그러한 망각의 결과랍니다.

과학을 통해 인간은 발전하고 있습니다. 우주의 시간과 넓이에 비한다면 아주 조금씩 느리게 발전하는지도 모릅니다. 그래도 우리는 과학적 탐구의 항해를 멈출 수 없습니다. 우주에는 엄청나게 많은 별이 있고, 그 별들은 우리의 손길이 닿기를 기다리고 있으니까요. 더불어 우주적 발견을 통해 인간은 좀 더 겸손해질 수 있을 테니까요.

마지막으로 이 책의 영감이 된《코스모스》의 저자 세이건의 글을 같이 읽어 보겠습니다. 1996년 세이건이 암으로 죽기 몇 달 전에 적어 놓은 연설문 일부랍니다. 그의 글에는 인류가 우주를 통해 배워야 할 소중한 깨달음이 담겨 있답니다.

1990년 6월 6일 보이저호가 지구에서 69억㎞ 가량 떨어진 명왕성을 통과하면서 찍은 지구의 모습. 태양계의 가장자리에서 지구를 바라보면 저렇게 작은 점으로 보인다.

우리는 (먼 우주에서) 저 사진을 찍는 데 성공했습니다. 당신은 하나의 점을 볼 수 있습니다. 저것이 바로 이곳입니다. 우리의 보금자리이며, 바로 우리입니다. 저기에는 당신이 알고 있는 모든 사람과 지금까지 살았던 모든 인간, 그리고 그들이 살아왔던 모든 삶이 있습니다. 인류의 역사 속에서 우리가 경험한 모든 기쁨과 고통, 수많은 종교, 이념과 경제 체제들이 저 위에 있습니다. 또한 사냥꾼과 약탈자, 영웅과 겁쟁이, 문명의 창조자와 파괴자, 왕과 평민, 사랑하는 젊은 연인, 희망을 품은 어린이, 어머니와 아버지, 발명가와 탐험가, 도덕 선생님, 부패한 정치가, 슈퍼스타, 최고 지도자, 성인과 죄인, 이 모든 종류의 사람이 한 줄기 햇빛에 매달린 저 티끌 위에서 살아왔습니다.

지구는 우주라는 광활한 극장의 아주 작은 무대입니다. 그 모든 장군과 제왕들이 단지 저 작은 점 일부분의 주인이 되는 영광과 승리를 위해 수많은 이가 흘린 피의 강을 생각해 보십시오. 구분도 안 되는 점의 한쪽 구석에 살던 사람들이 다른 한쪽 구석에 살던 사람들에게 가한 끝없는 잔인함을 떠올려 보십시오. 우리는 얼마나 자주 오해를 합니까. 또한 서로를 죽이지 못해 안달입니까. 증오와 미움은 또 얼마나 큽니까. 우리의 가식, 우리의 엄청난 자만, 우리가 우주에서 특별한 위치를 차지하고 있다는 환상은 사진 속 저 희미한 빛으로 인해 흔들리고 있습니다.

우리의 행성은 광활한 우주의 어둠에 둘러싸인 하나의 외로운 얼룩에 불과합니다. 어둠 속에서 우리를 구해 줄 도움의 손길을 기대하는 것은 부질없는 일입니다. 모든 것은 우리에게 달려 있습니다. 천문학을 배운다는 것은 겸손을 배우는 것이라고 합니다. 저는 여기에 인격을 함양하는 경험을 더 하고 싶습니다. 우리의 작은 지구를 멀리서 바라본 이 사진은 인간의 자만심이 어리석다는 사실을 잘 보여 줍니다. 우리는 서로서로 더 소중하게 여겨야 할 책임이 있으며, 우리의 유일한 안식처이자 고향인 저 희미하게 푸른 점을 소중히 지켜야 할 책임이 있습니다.

세이건의 연설문처럼 저렇게 조그마한 점에서 우리는 살아갑니다. 너와 나를 나누고, 우리와 그들을 가르며 오늘도 지구 어느 곳에서는 총알이 오가고 폭탄이 터졌을 겁니다. 하지만 저 작은 점에는 국경선이 보이지 않습니다. 만리장성도 마천루들도 보이지 않고요. 과거의 영광도 현재의 부귀도 무의미해 보입니다. 하루하루 아등바등 살아가는 우리의 모습을 돌아보게 되지요.

도판 출처

014~015	ⓒJeffd Dai (쌍둥이자리 유성우가 습지로 쏟아져 내리는 모습)
030~031	ⓒNASA, ESA, N. Smith (U. California, Berkeley) et al., and The Hubble Heritage Team (STScI/AURA)
046~047	ⓒNASA
058	ⓒNASA
059	ⓒMariner 10, Astrogeology Team, U.S. Geological Survey
066~067	ⓒNASA; ESA; G. Illingworth, D. Magee, and P. Oesch, University of California, Santa Cruz; R. Bouwens, Leiden University; and the HUDF09 Team
070	ⓒNASA/JPL-Caltech
082~083	ⓒBoston University Astronomy Department
094	ⓒNASA
096	ⓒThe Carnegie Institution of Washington
097	조지 가모프 ⓒMysore university
	아르노 펜지어스 ⓒKartik J at English Wikipedia
100~101	ⓒESO/C. Malin
103	골든 레코드 ⓒNASA
	골든 레코드 겉면 ⓒNASA/JPL
108	ⓒNASA, ESA, and the Hubble Heritage Team (STScI/AURA)
113	ⓒESA
119	알마 전파망원경 ⓒESO
	앨런 배열망원경 ⓒSETI Institute
126~127	ⓒNASA
136	아폴로 11호 ⓒNASA
	바이킹 1호 ⓒNASA
137	보이저 1호 ⓒNASA
	컬럼비아호 ⓒKSC, NASA
	국제우주정거장 ⓒNASA
	드래곤 ⓒSpaceX
	오리온호 ⓒNASA
138~139	ⓒNASA
147	ⓒNASA/JPL/University of Arizona
149	ⓒBob Goldstein & Vicky Madden, UNC Chapel Hill

150 ⓒTEM of D. radiodurans acquired in the laboratory of Michael Daly, Uniformed Services University, Bethesda, MD, USA

154 ⓒNASA/JPL-Caltech/SETI Institute

155 ⓒNASA/JPL/Space Science Institute

156 ⓒNASA/JPL-Caltech/Space Science Institute

158~159 ⓒNASA

164 ⓒCaters News Agency

172 ⓒGeoff Robinson Photography

174 ⓒPirehelokan

185 ⓒTim Thompson

194 ⓒPaul Williams

202~203 ⓒNASA / Jay Levine

212 ⓒMartin St-Amant - Wikipedia

217 ⓒNASA Earth Observatory

222~223 ⓒISS Expedition 7 Crew, EOL, NASA (지구 최초의 우주인 유리 가가린이 우주에서 본 지구)

외계인을 찾는 지구인을 위한 안내서

초판 인쇄 2015년 8월 14일
초판 발행 2015년 8월 21일

지은이 오승현

편집장 윤정현
마케팅 강백산, 이은영, 김가연
일러스트 타코와사비
디자인 정은경디자인

펴낸이 이재일
펴낸곳 토토북
주소 04034 서울시 마포구 양화로11길 18, 3층 (서교동, 원오빌딩)
전화 02-332-6255 | 팩스 02-332-6286
홈페이지 www.totobook.com/tam | 전자우편 totobook@korea.com
출판등록 2002년 5월 30일 제10-2394호
ISBN 978-89-6496-273-2 43400

* 잘못된 책은 바꾸어 드립니다.

* 탐은 토토북의 청소년 출판 전문 브랜드입니다.